もくじ

JN060401

Contents

1 地球の構成と運動

1−①地球の形と大きさ 2
1−②地表のようす 4
1−③地球内部の構造 5
2−①プレートテクトニクス 8
2−②大地形の形成と地質構造 13
3−①地震活動 16
3−②火山活動 22

2 大気と海洋

1−①高度による気圧・気温の変化 30
1−②大気の層構造 32
1−③大気中の水とその状態 33
1−④大気の状態 35
2−①地球のエネルギー収支 36
2−②大気のエネルギー収支 37
2−③大気大循環 39
2−④温帯低気圧と熱帯低気圧 41
3−①海洋の層構造 44
3−②海水の運動と循環 46
4−①気象と気候 50
4−②日本の四季 52

3 宇宙，太陽系と地球の誕生

1−①宇宙の姿 56
1−②天体の距離と光の速さ 57
1−③ビッグバンから天体の誕生まで 58

2−①現在の太陽 60
2−②太陽の誕生 62
3−①太陽系の姿 64
3−②太陽系の誕生と惑星の分類 65
3−③地球の誕生と成長 69

4 古生物の変遷と地球環境の変化

1−①地層のでき方 74
1−②堆積岩 76
1−③地層を調べる 77
2−①化石 80
2−②地層の対比と地質時代の区分 82
3−①初期生命と大気の変化 84
3−②多様な生物の出現と脊椎動物の発展 87
3−③哺乳類の繁栄と人類の発展 91

5 地球の環境

1−①日本列島がつくる自然の特徴 96
1−②さまざまな自然災害と防災・減災 98
2−①人間活動がもたらす環境問題と自然変動 102
2−②気候変動と地球温暖化 104
2−③地球環境と物質循環 105
2−④地球環境に与える人間生活の影響 106

ふり返りシート 110

1 地球の形と大きさ　　p.8~11

月　　日

検印欄

▶ A ◀ 丸い地球

アリストテレス・・・「キプロスでは見えない星が（南の）エジプトでは見えた」

「₁_____のとき，月面に映る地球の形が丸い」

→地球が丸い，と主張

プトレマイオス・・・船が陸に向かっていくとき水面下にかくれていた山が₂_____から順に現れるように見える

→地球が丸い，と主張

▶ B ◀ 地球の大きさ

₃_____・・・紀元前230年ごろに地球を球と仮定して大きさを推定

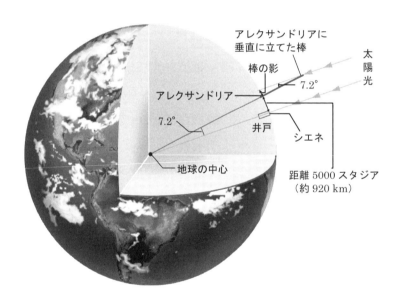

アレクサンドリアに垂直に立てた棒
棒の影
太陽光
7.2°
アレクサンドリア
7.2°
井戸
シエネ
地球の中心
距離5000スタジア（約920km）

$$地球の半径 = \frac{(₄)}{2\pi}$$

$$= \frac{約40000km}{6.28} = 約6400km$$

●Memo●

◤ C ◢ 完全な球ではない地球

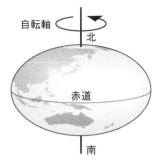

ニュートンが考えた回転楕円体

ニュートン

回転体である地球は自転による 5＿＿＿＿＿のために，6＿＿＿＿方向にふくらんだ回転楕円体である

カッシーニ

フランス国内の測量結果から，7＿＿＿＿＿＿＿方向にふくらんだ回転楕円体である

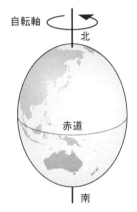

カッシーニが考えた回転楕円体

高緯度地方と低緯度地方の測量の結果

地名	緯度	緯度差1°あたりの弧長
ラプランド	66°22′N	111.9 km
フランス	45°N	111.2 km
ペルー※	1°31′S	110.6 km

※測量地は，現在のエクアドルの国内である。

→ニュートンの説が支持される結果となった

○8＿＿＿＿＿＿＿

…地球の形に最も近い回転楕円体

9＿＿＿＿＿＿

…回転楕円体のつぶれの度合い

$$f = {}_{10}\underline{\qquad\qquad}$$

（a＝赤道半径，b＝極半径）

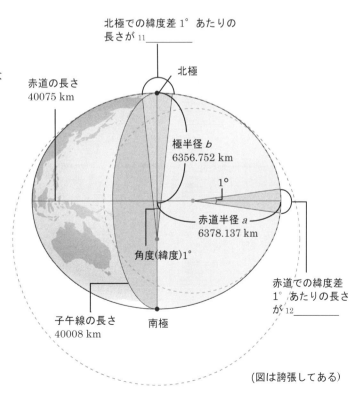

北極での緯度差1°あたりの
長さが 11＿＿＿＿＿

北極

赤道の長さ
40075 km

極半径 b
6356.752 km

1°

赤道半径 a
6378.137 km

角度（緯度）1°

赤道での緯度差
1°あたりの長さ
が 12＿＿＿＿＿

子午線の長さ
40008 km

南極

（図は誇張してある）

2 地表のようす　p.12〜13

月　　日

検印欄

▓ A ▓ 陸地と海洋

陸域…28.9%

海域…71.1%

1＿＿＿＿＿：全体の 49%陸地　　　2＿＿＿＿＿：全体の 89%が海洋

陸域,海域にあわせて 3＿＿＿＿つのピークが
存在する

→プレート運動に起因して,大陸地殻と海
　洋地殻を形成するそれぞれの岩質が異な
　るため

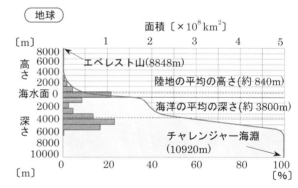

火星や金星などでは,ピークは 4＿＿＿＿つ

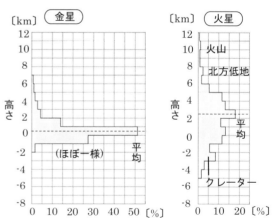

3　地球内部の構造　p.14〜19

月　日

検印欄

▰ A ▰ 層構造

地球の内部は，同心球状の層構造

構成物質の違いによって，1＿＿＿＿＿・2＿＿＿＿＿＿・3＿＿＿＿の三つの層に大きくわけられる

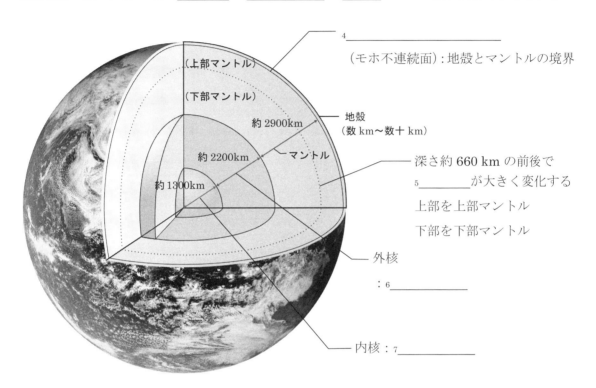

（上部マントル）

（下部マントル）

約2900km

約2200km

約1300km

マントル

4＿＿＿＿＿＿＿＿＿＿＿＿＿

（モホ不連続面）：地殻とマントルの境界

地殻
（数 km〜数十 km）

深さ約 660 km の前後で
5＿＿＿＿＿が大きく変化する
上部を上部マントル
下部を下部マントル

外核
：6＿＿＿＿＿＿

内核：7＿＿＿＿＿＿

▰ B ▰ 岩石の密度と地球内部の構造

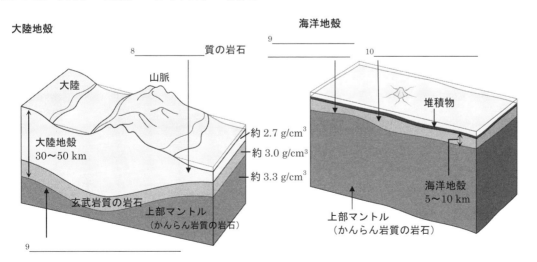

大陸地殻

8＿＿＿＿＿＿＿質の岩石

大陸

山脈

大陸地殻
30〜50 km

玄武岩質の岩石

上部マントル
（かんらん岩質の岩石）

9＿＿＿＿＿＿＿＿＿＿＿＿

約 2.7 g/cm³
約 3.0 g/cm³
約 3.3 g/cm³

海洋地殻

9＿＿＿＿＿＿＿＿＿

10＿＿＿＿＿＿＿＿＿

堆積物

海洋地殻
5〜10 km

上部マントル
（かんらん岩質の岩石）

マントルの密度は地殻の密度よりも 11＿＿＿＿＿＿＿

　　→軽い地殻が重いマントルの上に 12＿＿＿＿＿＿＿＿＿＿構造といえる

・地球の密度を求める

　　地球の半径 R：6.4×10^6 m

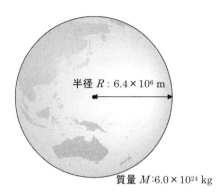

半径 R：6.4×10^6 m

質量 M：6.0×10^{24} kg

$$体積 \quad V = \frac{4}{3} \pi R^3$$

$$= 1.1 \times 10^{21} \text{ m}^3$$

　　地球の質量 M：6.0×10^{24} kg

　　密度　　$\rho =$ 13＿＿＿＿＿＿

$$= 5.5 \times 10^3 \text{ kg/m}^3 = 5.5 \text{ g/cm}^3$$

地球全体の密度は，地殻やマントルの密度よりも 14＿＿＿＿＿＿＿

　　→核の密度は，地殻やマントルの密度よりも 15＿＿＿＿＿＿

　　→地球の内部は，16＿＿＿＿＿＿＿につれて岩石の密度が 17＿＿＿＿＿＿＿なっている

・地下の温度

　　→深さとともに 18＿＿＿＿＿なっていく

　　　地殻内：100 m の深さにつき平均約 3℃の割合で上昇する

　　　核：4000〜5000℃と考えられている

▰ C ▰ 地殻の化学組成

　　約 50％以上が 19＿＿＿＿＿＿＿＿（SiO_2）

　　次に酸化アルミニウム（Al_2O_3）

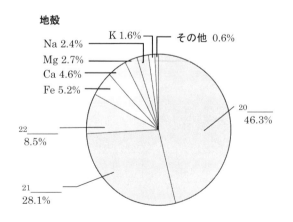

地殻

Na 2.4%　K 1.6%　その他 0.6%
Mg 2.7%
Ca 4.6%
Fe 5.2%

20＿＿＿＿ 46.3%

22＿＿＿＿ 8.5%

21＿＿＿＿ 28.1%

核

Ni 5.4%　その他 5%

23＿＿＿＿ 89.6%

・核　90％以上が 24＿＿＿＿（Fe），少量のニッケル（Ni）を含む

●Memo●

1 プレートテクトニクス

p.20〜27　　　月　　日

検印欄

◤A◢ 海底地形と年代

1_____・・・海洋底の中央部に連なる

　大西洋中央海嶺：大西洋

　東太平洋海嶺：太平洋

　→中央海嶺中核部が最も 2_____：海嶺から離れるにしたがって 3_____なる

　　　4_____・・・大洋底より 2000 m も深い，細長く伸びた 5_____

　　　　　　　太平洋の周縁部とインド洋北東縁部

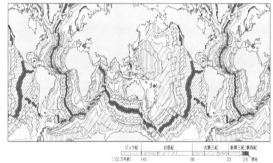

ジュラ紀	白亜紀	古第三紀	新第三紀 第四紀

[100万年前]　145　　　　66　　　23　2.6 現在

◤B◢ リソスフェアとアセノスフェア

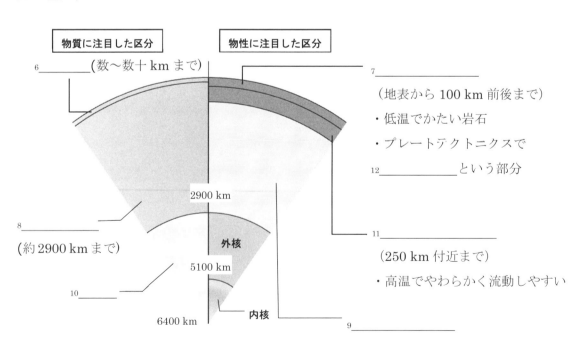

物質に注目した区分　　物性に注目した区分

6_____(数〜数十 km まで)

7_____

（地表から 100 km 前後まで）

・低温でかたい岩石

・プレートテクトニクスで

12_____ という部分

2900 km

8_____

（約 2900 km まで）

外核

11_____

（250 km 付近まで）

・高温でやわらかく流動しやすい

5100 km

10_____

内核

6400 km

9_____

◢ C ◣ プレートテクトニクス

海底地形・大山脈の形成，地震活動，海底の年代などを統一的に説明する理論

十数枚の変形しないかたい 12＿＿＿＿＿＿＿＿（リソスフェア）

 →地球表面をおおっている

 →アセノスフェアを潤滑剤のようにして水平方向に運動する

 →13＿＿＿＿＿＿＿＿＿＿＿＿＿により地震や火山などの地学現象が起こる

14＿＿＿＿＿＿プレート：厚さ 10〜150 km

15＿＿＿＿＿＿プレート：厚さ 100〜200 km

◢ D ◣ 3種類のプレート境界

◆16＿＿＿＿＿＿＿＿**境界**　…中央海嶺

・震源の深さが 100 km より浅い地震が多発する

・17＿＿＿＿＿＿＿＿がさかん

・中央海嶺を境に海底の年代が対称的

→プレートが 18＿＿＿＿＿＿＿＿場所

 例　アイスランド：陸上で，拡大する境界を観察できる

   アフリカのリフト（地溝）帯：大陸が分裂しつつある場所

◆19＿＿＿＿＿＿境界

環太平洋の海溝の部分

・14＿＿＿＿プレートが 15＿＿＿＿プレートの下に沈み込んでいる

・地震が海溝から陸の下に向かって 20＿＿＿＿＿＿＿＿＿に沿って発生している

・海溝に平行な火山帯で火山が活発に活動している

　　例　日本列島のような 21＿＿＿＿

　　　　アンデス山脈

ヒマラヤ山脈からアルプス山脈に至る地域

・15＿＿＿＿プレートどうしが衝突している

・大山脈が形成されている

◆22＿＿＿＿＿＿境界

・プレートが互いに 23＿＿＿＿方向にすれ違っている

　　例　サンアンドレアス断層（サンフランシスコ付近）

　　　　：中央海嶺を横断して軸をずらしている 24＿＿＿＿＿＿＿＿＿断層

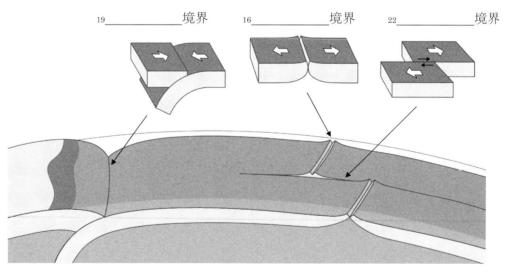

19＿＿＿＿＿境界　　　16＿＿＿＿＿境界　　　22＿＿＿＿＿境界

●Memo●

◣ E ◢　世界の地震分布

地震は，25_____の特定の地域に集中して起こっている

→この 25_____の地域を 26_____という。

→27_____と考えられている

震源の深さが 100 km よりも 28_____地震の震源

→海溝から大陸に向かって傾いた 29_____に並ぶ

→海洋プレートの 30_____を示している

・マグニチュード 9 以上の地震は，31_____で発生している

◣ F ◢　世界の火山分布

火山の分布も 25_____に分布することが多い

→この 25_____の地域を 32_____という

・海嶺

…広がるプレートのすきまを埋めるように 33_____のマグマが上昇し，火山活動がさかん
　に起こる

・プレートが収束する境界

…34_____に伴って生成したマグマが上昇して火山が形成される

◆35_____

…マントルに対して 36_____と仮定されるマグマの供給源

　　→海嶺以外の大洋底や大陸内における 37_____活動が起こっている

・プレートの運動に伴ってホットスポットから離れると，その活動を停止
　する

→プレートのマントルに対する 38_____を
　計算できる

ホットスポット

新しい

古い

プレートの動き

マントルの深くから
マグマが供給される

アセノスフェア

◢ G ◤ 地球内部の対流運動

プレートの運動は，マントル内部の 39＿＿＿＿＿運動に連動していると考えられている

大規模な高温マントル物質の上昇流

　　…40＿＿＿＿＿＿＿＿

　　南太平洋と南アフリカの下

低温の下降流

　　…アジアの下

・ホットプルームは，超大陸 41＿＿＿＿＿＿の分裂を引
　き起こしたとされている

●Memo●

2 大地形の形成と地質構造

p.28〜31 　　月　　日

検印欄

▰ A ▰ プレート境界と2種類の造山帯

1_____プレートと 2_____プレートの衝突

（a）アンデス山脈

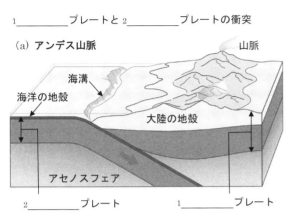

1_____プレートと 1_____プレートの衝突

3_____やアルプス山脈

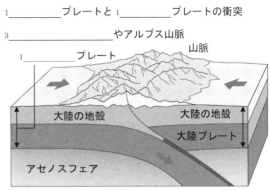

1_____プレートどうしが衝突する

→浅海の堆積物が変形・隆起して大山脈が形成

（b）日本列島

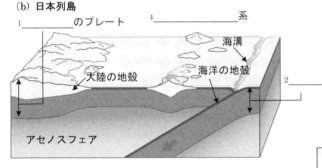

海洋プレートの沈み込みに伴って 4_____系が形成される

1_____プレートの下に 2_____プレートが沈み込むことで，5_____が形成されることがある。

Note

付加体…海洋プレートの上に乗って移動してきた，チャート，石灰岩，玄武岩と，海溝に陸から供給されたタービダイトからなる

▰ B ▰ 造山帯と変成岩の形成

◆**変成作用**…岩石が地下で 6_____・7_____下におかれて，固体のまま鉱物の種類や組織がかわる

　　　　　→ 8_____となる

9_____作用…数百 km 以上の広い範囲

　　　　　マグマの 10_____に伴う熱による

11_____作用…数百 m〜数 km の狭い範囲

　　　　　花こう岩などの貫入に伴う熱と圧力による

◆変成岩の分類

変成岩	岩石名	おもなもとの岩石	特徴
接触変成岩	13＿＿＿＿＿＿＿＿	砂岩，泥岩	緻密でかたい 黒雲母が多く，きん青石や紅柱石を含むこともある
	結晶質石灰岩（大理石）	石灰岩	粗粒の方解石からなる
広域変成岩	14＿＿＿＿＿	砂岩，泥岩，礫岩，凝灰岩，玄武岩	15＿＿＿＿＿が発達し，はがれやすい
	片麻岩	砂岩，泥岩，花こう岩など	16＿＿＿＿＿で，白と黒の縞模様が発達している

◤C◢ 岩石サイクル

岩石は，形成されたあとも地表や地殻中で姿を変えて，長い年月をかけて循環している

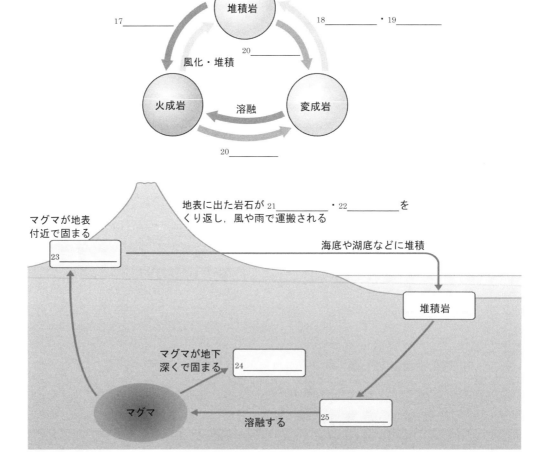

▰ D ▰ 断層と褶曲

ほぼ水平に堆積した地層が，地殻変動などによって圧力を受けると，波状に変形したり，破断したりする

◆26_____ …地層が波状に変形した構造

・規模は数 cm から数十 km に及ぶものまでさまざま

・傾斜は緩やかなもの，急傾斜のもの，逆転しているものまである

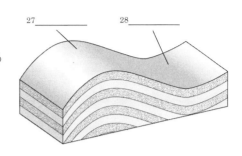

27_____   28_____

◆**断層**　…地層が破断して，ある面を境にくい違いが生じている構造

断層面…ずれを生じさせている面

上盤…断層面の上側

下盤…断層面の下側

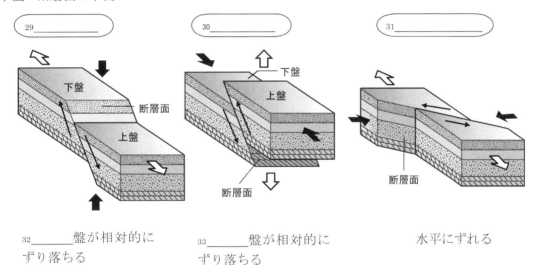

29_____   30_____   31_____

32_____盤が相対的にずり落ちる

33_____盤が相対的にずり落ちる

水平にずれる

➡ 最大の圧縮力がはたらく向き

⇨ 相対的に伸張する向き

⇄ 断層のずれの方向

右横ずれ断層：断層面をはさんで向こう側が右向きにずれたもの

左横ずれ断層：断層面をはさんで向こう側が左向きにずれたもの

●Memo●

1 地震活動　p.32~p.41

月　　日

▶ A ▶ 地震の分布

世界的に見ると 1_____ に多くの地震が発生している

・陸域の浅いところで発生する地震

・震源の深い地震（深発地震）

　…日本海溝や琉球海溝から大陸に向かってしだいに 2_____ なるように分布

　　→沈み込む太平洋プレートやフィリピン海プレートにそって発生している
　　　と考えられている

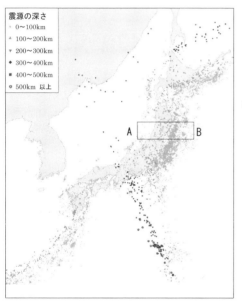

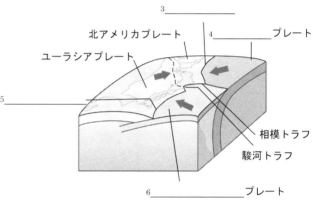

3_____

北アメリカプレート

ユーラシアプレート

4_____ プレート

5_____

相模トラフ

駿河トラフ

6_____ プレート

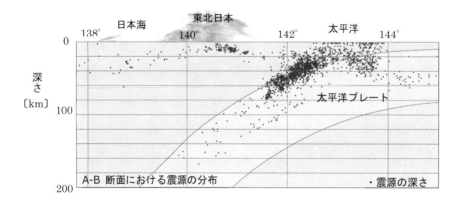

A-B 断面における震源の分布　　　　　・震源の深さ

◤ B ◢ 地震発生のしくみ

◆ 1＿＿＿＿＿＿＿＿地震

…沈み込む海洋プレートと大陸プレートの境界で発生する地震

巨大地震となりやすい

海溝部で発生する場合は，7＿＿＿＿＿を伴い被害が甚大になりやすい

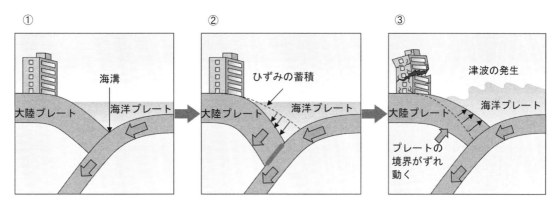

海洋プレートと大陸プレートが固着している領域があり，つねに 8＿＿＿＿＿が蓄積されている 8＿＿＿＿＿が限界をむかえると，一気にプレートの境界がずれ動き地震が発生する

◆大陸プレート内地震，海洋プレート内地震

・大陸プレート内地震（陸域の浅い地震）

…日本列島の 9＿＿＿＿＿の浅いところで発生する地震

大陸プレートの縁辺部…沈み込む海洋プレートに押されている

地殻内に 8＿＿＿＿＿が蓄積

マントルからはマグマが上昇してくる

↓

地殻内の岩石が破壊され，大陸プレート内地震が発生する

・海洋プレート内地震

…沈み込む 10＿＿＿＿プレートにそって発生している地震

●Memo●

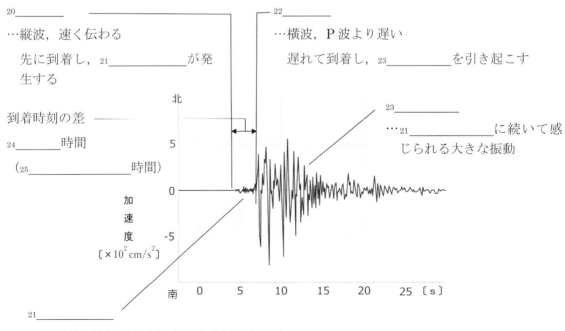

◤C◢ 震度とマグニチュード

◆11＿＿＿＿＿＿＿…地震の振動の強さ

　日本では，気象庁が定めた 0〜7 の 12＿＿＿＿段階（5 と 6 は強と弱がある）

　一般的には震央から 13＿＿＿＿＿＿＿ほど小さくなる

◆14＿＿＿＿＿＿＿＿＿＿＿＿（M）

　　…地震によって放出される 15＿＿＿＿＿＿＿＿＿の大きさ（地震の規模）

　1 大きくなるとエネルギーは約 32 倍

$\sqrt{1000}$

　2 大きくなるとエネルギーは 16＿＿＿＿＿倍

・被害をもたらすような地震（被害地震）は，一般的に M 6 以上

・プレート境界地震では，M 9 を超えることもある

・最大のものは M 9.5

　→地下の岩石の領域に蓄えることのできる 8＿＿＿＿＿＿＿の
　エネルギーに限界があるためと考えられている

◤D◢　地震波の伝わり方

17＿＿＿＿＿…地下の岩石の破壊が最初に発生した場所

18＿＿＿＿＿…震源の真上の地表

19＿＿＿＿＿＿＿…震源から観測点までの距離

a：震源距離　　b：震央距離　　c：震源の深さ

20＿＿＿＿＿　＿＿＿＿＿＿＿

…縦波，速く伝わる

　先に到着し，21＿＿＿＿＿＿＿が発生する

到着時刻の差 ＿＿＿

24＿＿＿＿＿時間

（25＿＿＿＿＿＿＿＿時間）

22＿＿＿＿＿

…横波，P 波より遅い

　遅れて到着し，23＿＿＿＿＿＿を引き起こす

23＿＿＿＿＿＿

…21＿＿＿＿＿＿＿に続いて感じられる大きな振動

北

5

0

-5

加速度〔$\times 10^2 \mathrm{cm/s^2}$〕

南　0　5　10　15　20　25〔s〕

21＿＿＿＿＿＿＿

…地震発生時に，初めに感じる小刻みな振動

・大森公式　…大森房吉が見いだす

震源距離 d〔km〕と S－P 時間 t〔s〕のあいだには，

26 _____ ＝ 27 _____ 　の関係がある

一般には，次のような関係がある

　　P 波の速度：V_P〔km/s〕

　　S 波の速度：V_S〔km/s〕　　　とすると，

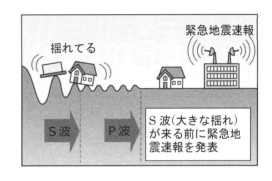

Note

地殻では，

P 波速度：5〜7 km/s

S 波速度：3〜4 km/s

　式　　$\dfrac{d}{V_S} - \dfrac{d}{V_P} = t$ ， $d = \dfrac{V_P V_S}{V_P - V_S}\, t$

・28 _____

　…大きな地震の前に，緊急地震速報のアラームが鳴る

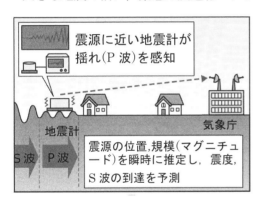

地震波に比べると電気信号や電波の速度（30 万 km/s）はさらに速い

→震源から離れた場所では揺れの前に警報を出すことが可能

※十分な時間的余裕はない

・S－P 時間から震央をさぐる

①S－P 時間から観測点からの 19 _____ を求める

②各観測点を中心にして 19 _____ を半径と
　する円を描く

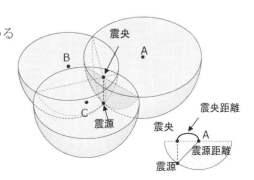

▰E▰ 本震，余震，前震

一連の地震 { 29_____…本震の前に本震と同じ余震域で起こる地震

本震　…最大のもの

30_____…本震の震源のまわりの地域で発生する小さな地震

→時間の経過とともに発生頻度は急激に低下する

・31_____…余震発生地点の広がり

地震によって生じた地下の破壊領域を示す

→大きな地震ほど 31_____ が広い

《32_____地震動》

・周期の長いゆっくりとした地震波による揺れ

・遠くまで到達する性質がある

・長周期地震動と共振しやすい 33_____ では，大きくゆっくりとした揺れが長時間続くことがある

●Memo●

20

◢ F ◣ 地震と地殻変動

三角点や水準点の測量，人工衛星による測位観測などによって明らかにされる

　　三角点…34_____方向の変位

　　水準点…35_____方向の変位

・GNSS（全球測位衛星システム）

　…GPS衛星などの人工衛星から発信された電波を受けて，精密に位置を決定する方法

　　→36_____の位置が人工衛星によって常時観測されている

・断層

　地震断層　…地表に現れた，地震発生時に活動した主要な断層

　　→過去に活動したことのある断層が再活動をしたものであることが多い

　37_____…最近の地質時代（おおむね過去数十万年以内）にくり返し活動し，将来も活動す
　　　　　　　　ると考えられている断層

●Memo●

2　火山活動　p.42~50

月　　日

検印欄

▲ A ▲　火山の分布

1＿＿＿＿＿＿…地殻やマントルの岩石が部分的に溶融し
　　　　　　て生じた高温の 2＿＿＿＿＿物質

火山…1＿＿＿＿＿＿の噴出口

日本の火山分布

…3＿＿＿＿＿や 4＿＿＿＿＿＿から一定の距離離れた 5＿＿＿側
　に帯状に分布

火山前線（火山フロント）

…火山分布の 6＿＿＿縁

→沈み込む海洋プレートの上面の深さが 100～150 km にな
　った場所

10＿＿＿＿＿が地表に開口する
↓
液状のマグマへの圧力が一気に減退する
↓
マグマに溶け込んでいた H_2O などの
11＿＿＿＿＿＿が分離して大量の気泡を発
生させて膨張し，地表に噴出する

9＿＿＿＿＿＿＿＿
マグマとまわりの岩石の密度の差が小さく
なって一時滞留する部分
火山の地下数 km のあたり

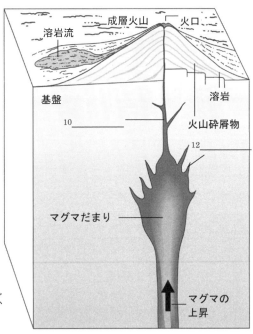

マグマの上昇
深部で発生したマグマは，まわりの
岩石より密度が 7＿＿＿＿＿＿ため，
8＿＿＿＿＿が生じて上昇する

▰ B ▰ 火山噴出物

…火山活動によって地上に噴出されたさまざまな物質

◆ 13＿＿＿＿＿＿＿

・大部分は 14＿＿＿＿＿＿（H_2O）

・二酸化炭素（CO_2），二酸化硫黄（SO_2），硫化水素（H_2S），

　塩化水素（HCl）など

◆溶岩

マグマの性質や固まる場所の違いなどによって，いろいろな形態を示す

玄武岩質マグマ　　15＿＿＿＿＿溶岩：表面に流れたときの模様がついている

　　　　　　　16＿＿＿＿＿溶岩：水中に流出し，急冷されてできる

　　　　　　　　　　　　枕を積み重ねたように見える

安山岩～流紋岩質マグマ

　　　　　　　17＿＿＿＿＿溶岩：不規則な形の塊が多数積み重なっている

◆火山砕屑物（火砕物）

　火口から噴出し，地表に落下した固体

　大きさや形によってわけられる

特定の形を示さない	火山岩塊（直径 64 mm 以上） 　…火口周辺に落下する 火山礫（直径 2～64 mm） 18＿＿＿＿＿（直径 2 mm 以下） 　…しばしば遠くまで運ばれる
特定の形を示す	19＿＿＿＿＿（紡錘状，パン皮状など） スパター（溶岩餅） ペレーの毛，ペレーの涙
20＿＿＿＿＿ （気泡や空隙が多い）	軽石，スコリア

・21＿＿＿＿＿…火山砕屑物が高温の 13＿＿＿＿＿＿に混じって密度の高い熱雲をつくり，高速
　　　で山体を流下する現象

　　　　時速 100 km～200 km に達することもある

　　　　しばしば大きな災害を引き起こす

◤ C ◢ 噴火の様式

噴火の激しさは，マグマの粘性とマグマ中のガスの量によって決まる

・マグマの粘性　…温度が低くなるほど 22＿＿＿＿＿＿

　　　　　　　　二酸化ケイ素（SiO_2）の量が多いほど 22＿＿＿＿＿＿

◤ D ◢ 火山の形

マグマの性質によって，火山はさまざまな形をつくる

マグマの粘性	23＿＿＿＿ （SiO_2 25＿＿＿＿）	← →	24＿＿＿＿ （SiO_2 26＿＿＿＿）	
マグマの温度	1100℃ ←		→ 900℃	
噴火のようす	27＿＿＿＿＿に噴火		28＿＿＿＿＿に噴火	マグマ水蒸気爆発
火山の形	溶岩台地・29＿＿＿火山 （溶岩を大量に噴出） 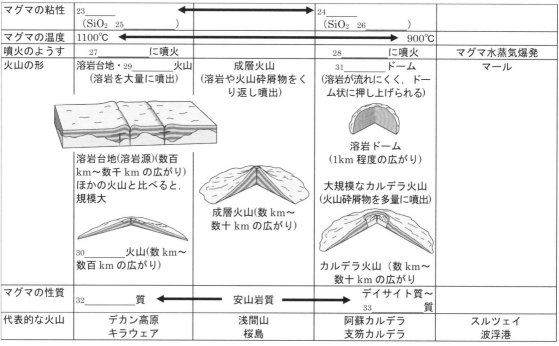 溶岩台地(溶岩源)(数百km～数千 km の広がり) ほかの火山と比べると，規模大 30＿＿＿＿火山(数 km～数百 km の広がり)	成層火山 （溶岩や火山砕屑物をくり返し噴出） 成層火山(数 km～数十 km の広がり)	31＿＿＿＿ドーム （溶岩が流れにくく，ドーム状に押し上げられる） 溶岩ドーム （1km 程度の広がり） 大規模なカルデラ火山 （火山砕屑物を多量に噴出） カルデラ火山（数 km～数十 km の広がり	マール
マグマの性質	32＿＿＿＿質 ←	安山岩質 →	デイサイト質～ 33＿＿＿＿質	
代表的な火山	デカン高原 キラウェア	浅間山 桜島	阿蘇カルデラ 支笏カルデラ	スルツェイ 波浮港

●Memo●

◢ E ◣ 火成岩

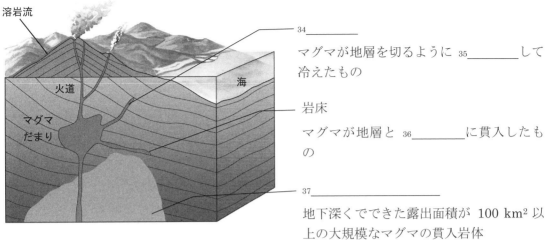

34_____

マグマが地層を切るように 35_____ して冷えたもの

岩床

マグマが地層と 36_____ に貫入したもの

37_____

地下深くでできた露出面積が 100 km² 以上の大規模なマグマの貫入岩体

◆火成岩の組織

38_____ …火山の噴火によりマグマが地表付近に現れることで，39_____ してできた岩石

40_____組織

41_____…マグマの中で先に大きく成長してできた結晶

42_____…急冷により成長前に固まった小さな結晶やガラス

43_____ …マグマが地下深くで 44_____冷えてできた岩石

45_____組織

粒の大きさがそろっており，大きく成長した結晶がひしめき合っている

●Memo●

▰ F ▰ 結晶としての鉱物

結晶…46＿＿＿＿＿＿や 47＿＿＿＿＿＿＿が規則正しく配列している固体

　→多くの鉱物は結晶で，それぞれが特有の外形をもつ

48＿＿＿＿＿＿＿…特定の方向の面に沿って割れやすい性質

例　岩塩：直方体に割れる

　　雲母：薄くはがれる

> *Note*
>
> **イオン**…原子が電子をとり入れたり放したりして，
> 　　　　　電気を帯びた粒子
>
> 49＿＿＿＿イオン：正（＋）の電気を帯びたもの
>
> 50＿＿＿＿イオン：負（－）の電気を帯びたもの

◆51＿＿＿＿＿＿＿＿＿＿

　…ケイ素（Si）と酸素（O）を骨組みとする

・造岩鉱物の多くは，51＿＿＿＿＿＿＿＿＿＿＿＿である

酸化物イオン　0.26〜0.28nm　ケイ素イオン

52＿＿＿＿＿＿＿＿＿＿＿が基本単位

…Si を中心にそのまわりを 4 個の O が
とり囲んでいる

●Memo●

◆火成岩の分類

SiO₂の割合〔重量%〕	45		52		66	
岩石の分類	超苦鉄質岩	苦鉄質岩		中間質岩		珪長質岩
火山岩（斑状組織）		53＿＿＿＿＿岩		54＿＿＿＿＿岩		デイサイト・流紋岩
深成岩（等粒状組織）	55＿＿＿＿＿岩	斑れい岩		閃緑岩		56＿＿＿＿＿岩
色指数〔体積%〕	60		35		10	

SiO_2の割合〔重量%〕: 45 / 52 / 66

岩石の密度〔g/cm³〕 (約3.3) 57＿＿＿＿＿ ←→ 58＿＿＿＿＿ (約2.7)

おもな造岩鉱物の量〔体積比〕

無色鉱物
ケイ素 (Si), アルミニウム (Al) を多く含む

有色鉱物
鉄 (Fe), マグネシウム (Mg) を多く含む

Ca に富む斜長石

59＿＿＿＿＿

カリ長石

Na に富む斜長石

黒雲母

60 ＿石　61＿＿＿＿＿　62＿＿＿＿＿

その他

SiO_2以外のおもな酸化物の量〔質量%〕

15
10
5
0

Al_2O_3
$FeO+Fe_2O_3$
CaO
MgO
Na_2O
K_2O

●Memo●

27

●Memo●

1 高度による気圧・気温の変化　p.58～61

月　　日

検印欄

◤ A ◢ 大気の組成

大気…地球を包む空気全体

1＿＿＿＿＿＿＿（気圏）…大気のある範囲

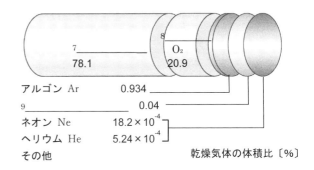

アルゴン Ar　　　0.934 ＿＿＿＿＿＿

9＿＿＿＿＿＿＿　　0.04

ネオン Ne　　　 18.2×10^{-4}

ヘリウム He　　 5.24×10^{-4}

その他

乾燥気体の体積比〔％〕

- 大気の組成は高度約 2＿＿＿＿＿km まで一定
- 3＿＿＿＿＿＿＿（H_2O）は，高度約 10 km までの最下層にほとんどが存在する
  → 含有量は，場所や時間によって大きく変化する
- H_2O と CO_2 は，地表付近の 4＿＿＿＿＿＿に対する影響が大きい
- オゾン（O_3）は，その 90％が高度 5＿＿＿＿＿＿km に存在する
  → 6＿＿＿＿＿＿＿：O_3 がとくに多い大気の層

◤ B ◢ 気圧

空気にも 10＿＿＿＿＿＿がある

→ 大気は地球の 11＿＿＿＿＿＿を受け，地表や大気中の物体を押している

◆トリチェリの実験

1 気圧

　…平均的な海水面上での気圧

　　→ 12＿＿＿＿＿＿hPa

$1cm^2$ に 13＿＿＿＿＿＿の物体がのっているのにほぼ等しい

水深約 10 m の水の圧力に相当

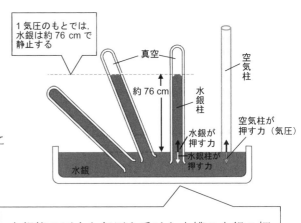

1 気圧のもとでは，水銀は約 76 cm で静止する

真空

空気柱

約 76 cm

水銀柱

空気柱が押す力（気圧）

水銀が押す力

水銀柱が押す力

水銀

水銀柱の圧力と気圧を受けた水槽の水銀の押し返す力とが 14＿＿＿＿＿＿＿＿いる

> **Note**
> **圧力**…単位面積あたりの面を垂直に押す力

◤ C ◤ 高度による気圧の変化

高度が上昇するとともに，気圧が 15_____

　16_____上昇すると約半分

　16 km 上昇すると約 17_____

→地上から 16 km までに大気質量の 18____％が

　存在する

◤ D ◤ 高度による気温の変化

気温は高度とともに低下する高度と，上昇する高度
がある

→地表から高度約 10 km までは，上空ほど

　気温が 19_____

◆20_____

地上から高度約 10 km までの，高度の上昇と
ともに気温が低下する割合

→平均 21_____℃/100 m

●Memo●

2 大気の層構造

p. 62～63　　　　月　　日

気温の高度分布は，1＿＿＿＿＿層に区分される：大気の層構造

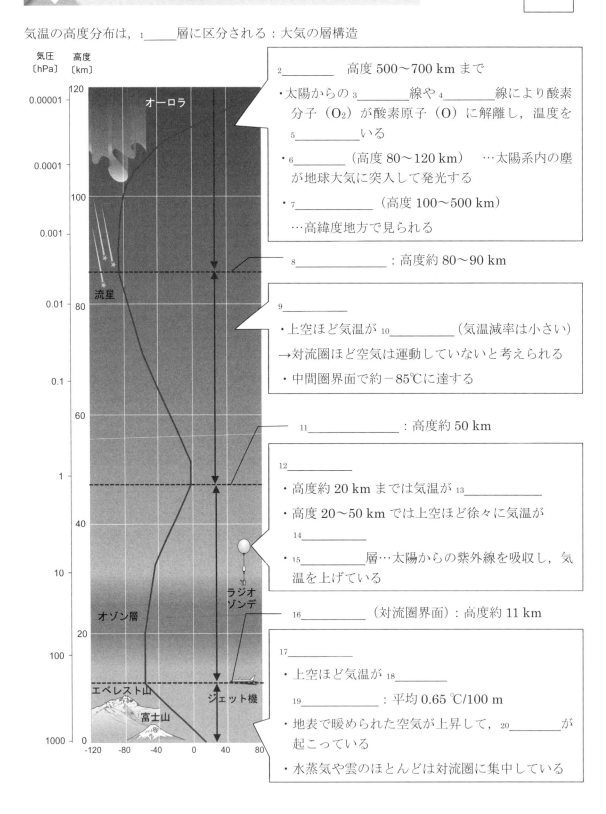

2＿＿＿＿＿＿＿＿　高度 500～700 km まで

・太陽からの 3＿＿＿＿＿＿線や 4＿＿＿＿＿＿線により酸素分子（O_2）が酸素原子（O）に解離し，温度を 5＿＿＿＿＿＿＿いる

・6＿＿＿＿＿＿＿（高度 80～120 km）…太陽系内の塵が地球大気に突入して発光する

・7＿＿＿＿＿＿＿＿＿（高度 100～500 km）…高緯度地方で見られる

8＿＿＿＿＿＿＿＿＿＿：高度約 80～90 km

9＿＿＿＿＿＿＿

・上空ほど気温が 10＿＿＿＿＿＿＿＿（気温減率は小さい）

→対流圏ほど空気は運動していないと考えられる

・中間圏界面で約 −85℃ に達する

11＿＿＿＿＿＿＿＿＿＿：高度約 50 km

12＿＿＿＿＿＿＿

・高度約 20 km までは気温が 13＿＿＿＿＿＿＿＿

・高度 20～50 km では上空ほど徐々に気温が 14＿＿＿＿＿＿＿

・15＿＿＿＿＿＿＿層…太陽からの紫外線を吸収し，気温を上げている

16＿＿＿＿＿＿＿＿＿（対流圏界面）：高度約 11 km

17＿＿＿＿＿＿＿

・上空ほど気温が 18＿＿＿＿＿＿

　19＿＿＿＿＿＿＿＿：平均 0.65 ℃/100 m

・地表で暖められた空気が上昇して，20＿＿＿＿＿＿＿が起こっている

・水蒸気や雲のほとんどは対流圏に集中している

3　大気中の水とその状態　p.64〜65

月　　日　　検印欄

▨ A ▨　大気中の水

大気中の水は，水蒸気（1_____体）・水滴（2_____体），氷晶（3_____体）の状態で存在する

・4_____…水蒸気が増加の限界に達した状態

・5_____

　　…飽和状態の水蒸気の圧力（hPa）

・6_____

　　…飽和状態の水蒸気の量（g/m³）

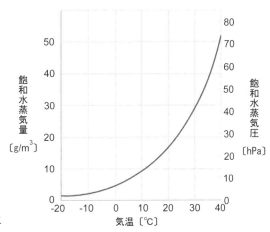

湿度（相対湿度）

…空気中に含まれる水蒸気が，その気温の飽和水
　蒸気圧に対してどのくらいの割合かを示す

$$湿度[\%] \; = \; \frac{空気中の水蒸気圧[hPa]}{その気温の飽和水蒸気圧[hPa]} \; \times \; 100$$

$$= \; \frac{空気中の水蒸気量[g/m^3]}{その気温の飽和水蒸気量[g/m^3]} \; \times \; 100$$

▨ B ▨　7_____

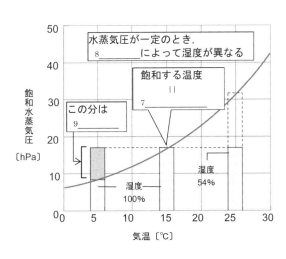

◤ C ◢ 水の状態変化と潜熱

10＿＿＿＿＿…温度が 11＿＿＿＿＿＿＿に状態が変化するために使われる熱

例　氷がとける（固体→液体）

　　湯が沸騰する（液体→気体）

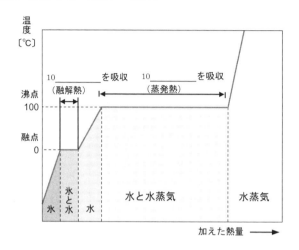

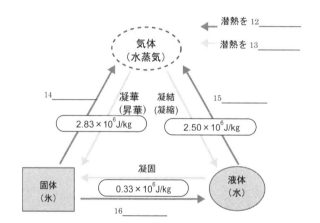

●Memo●

4 大気の状態　p.66〜69

月　　日

検印欄

A 安定と不安定

空気は，熱の出入りがない状態で上昇すると，気圧の低下に伴って

1________し，温度が 2__________性質をもつ

→対流圏では，一般に上層ほど低温

・周囲の空気に比べて低温の空気塊（寒気）…密度が 3__________ので下降

・周囲の空気に比べて高温の空気塊（暖気）…密度が 4__________ので上昇

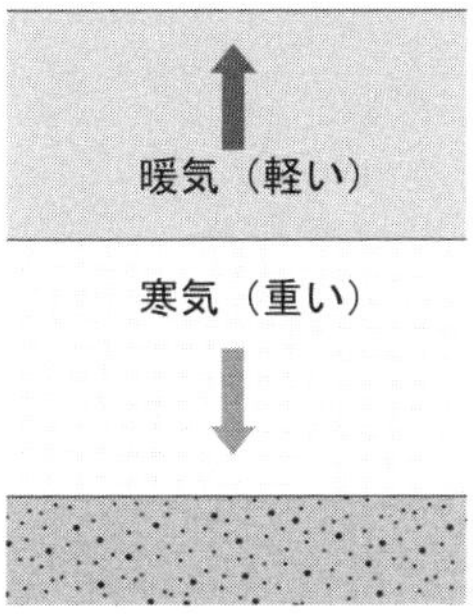

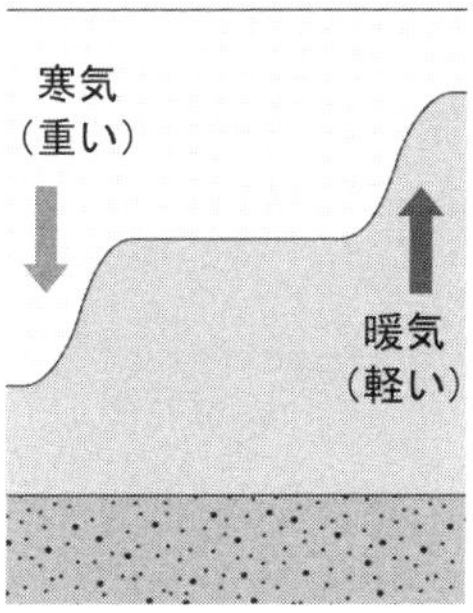

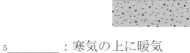

5________：寒気の上に暖気

・地表付近が冷え込んだとき

・上空に暖気が入り込んだとき

・7_________が起こりづらい

→おだやかな晴天となる

6__________：暖気の上に寒気

・地表付近が高温になったとき

・上空に寒気が入り込んだとき

・7_________が起こる

→8_____________が生じて雲が発生

→降雨をもたらす

B 雲のでき方

9__________…湿度が 100%をこえた状態

雲粒…10__________とよばれる微粒子を核として，その表面に水蒸気が凝結してつくられる

→過飽和であっても，凝結核がなく，清浄な空気中では雲は形成されない

→10__________：土ぼこり，煤煙，海水のしぶきが蒸発して残った海塩粒子などの，吸湿性の高い微粒子

C 雲の種類

7________雲：積乱雲（にわか雨や雷を伴う），積雲（晴天時）

…強い 8____________によって垂直方向に発達する

11________雲：乱層雲（長時間雨を降らせる），層雲（雲海をつくる）

…水平方向に広がる

1 地球のエネルギー収支

p.70〜71　　　　月　　　日

検印欄

�▲ A ▲ 太陽放射と地球放射

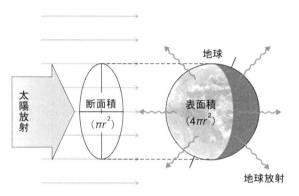

1＿＿＿＿＿＿＿（日射）

　…太陽の放射エネルギー

　→日中，太陽放射による加熱が起こると気
　　温が 2＿＿＿＿＿する

3＿＿＿＿＿＿

　…放射に垂直な面で約 1.37 kW/m²

　…大気圏外で地球に降り注ぐ太陽放射

> **Note**
>
> 1.37 kW/m²：単位面積（1 m²）に単位時間（1 s）あたり約 1.37 kJ のエネルギーが放射される強度

4＿＿＿＿＿＿＿

　…地球が宇宙空間に向かって放射する

　5＿＿＿＿＿＿

　→地球を 6＿＿＿＿＿＿はたらき（放射冷却）をする

・地球の 7＿＿＿＿＿＿＿＿：約 255 K（−18℃）

　…太陽放射による加熱と地球放射による冷却がつり合い，平衡状態に達した温度

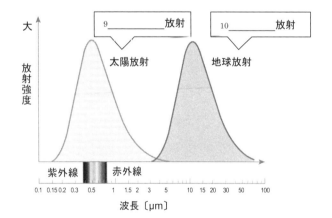

9＿＿＿＿＿＿放射　　太陽放射

10＿＿＿＿＿＿放射　　地球放射

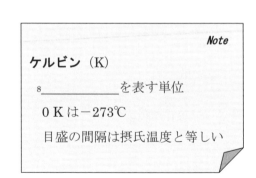

> **Note**
>
> **ケルビン（K）**
>
> 8＿＿＿＿＿＿を表す単位
>
> 0 K は−273℃
>
> 目盛の間隔は摂氏温度と等しい

2 大気のエネルギー収支

p.72〜73

月　　　日

検印欄

▰ A ▰ 大気のエネルギーの流れ

29 が雲や地表面などで1＿＿＿＿＿される

　→反射率：2＿＿＿＿＿＿

　　地球の平均的2＿＿＿＿＿＿は約 0.3

地球に降り注ぐ 3＿＿＿＿＿＿を全地表面積で平均すると，約 341 W/m² となる。この値を 100 とする。

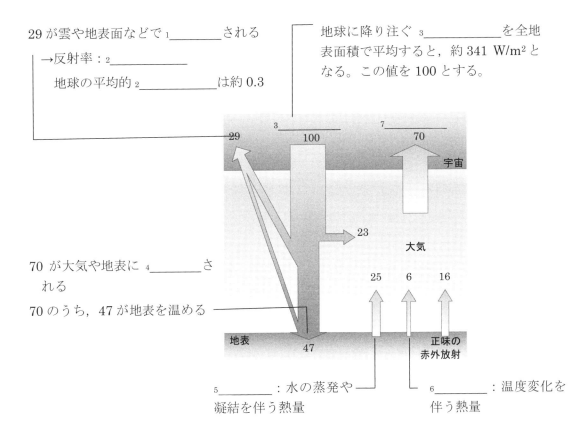

70 が大気や地表に 4＿＿＿＿＿される

70 のうち，47 が地表を温める

5＿＿＿＿＿：水の蒸発や凝結を伴う熱量

6＿＿＿＿＿：温度変化を伴う熱量

▰ B ▰ 温室効果

8＿＿＿＿＿＿

…地表からの赤外放射を大気が吸収し，地表に向かって9＿＿＿＿＿することによって地表面の温度が上がること

10＿＿＿＿＿＿

…水蒸気・二酸化炭素・メタンなどのような赤外線を吸収するガス

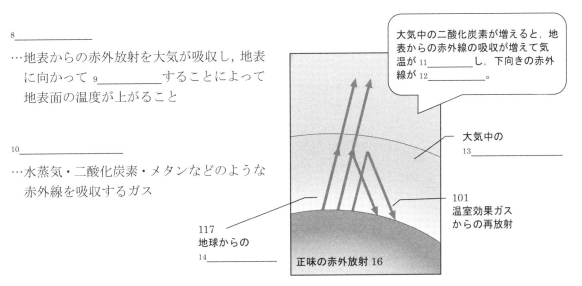

大気中の二酸化炭素が増えると，地表からの赤外線の吸収が増えて気温が 11＿＿＿＿＿し，下向きの赤外線が 12＿＿＿＿＿。

大気中の
13＿＿＿＿＿＿＿

101
温室効果ガスからの再放射

117
地球からの
14＿＿＿＿＿

正味の赤外放射 16

◤C◢ 気温の日変化と海陸風循環

・15_____…1日を周期とする気温変化

　→地表面やそれに接する空気の温度は日の出とともに上昇し，午後1時から
　　2時ごろに最高気温となる

・海陸風循環

　→日中と夜間で反転する

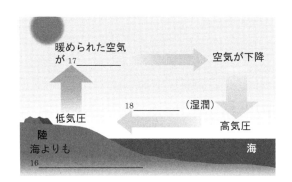

暖められた空気が 17_____　　空気が下降

18_____　　（湿潤）

低気圧

陸　海よりも

16_____

高気圧

海

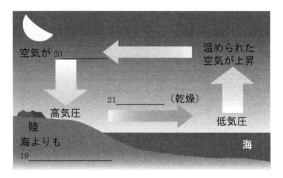

空気が 20_____　　温められた空気が上昇

高気圧　　21_____　（乾燥）

陸　海よりも

19_____

低気圧

海

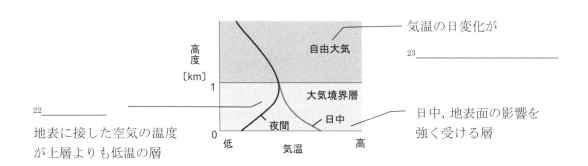

高度〔km〕

自由大気

大気境界層

夜間　　日中

低　　気温　　高

気温の日変化が

23_____

日中，地表面の影響を
強く受ける層

22_____

地表に接した空気の温度
が上層よりも低温の層

●Memo●

▶3 大気大循環

p. 74～76

月　　日

検印欄

◤A◥ 緯度による受熱量の違い

地球は球形

→　地球が受け取る太陽放射は，1_____によって異なる

2_____付近で多い

両極で少ない

・各緯度における，局所的な放射平衡で決まる地表温度

赤道付近で 3_____

両極域できわめて 4_____

◤B◥ 大気の大循環

乾燥した空気が下降流となって地上付近に
降下し，南北に発散する

低緯度に向かう：5_____（偏東風）

高緯度に向かう：6_____

放射冷却により冷えた空気が
7_____となる

8_____：赤道に沿って上昇
した空気が対流圏界面近くで南北にわか
れ，緯度30°付近まで移動する

→ 6_____

赤道付近：受熱量が 9_____，暖められ
た湿潤な下層の空気は，南北から収束し
て 10_____となる

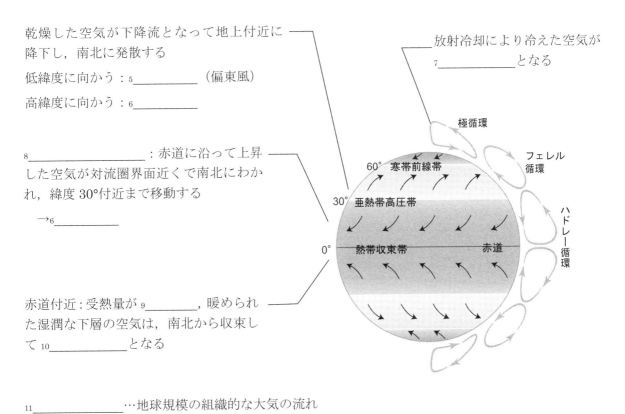

11_____…地球規模の組織的な大気の流れ

◤ C ◢ 南北のエネルギー輸送

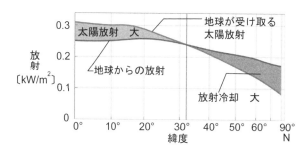

大気大循環や大規模な渦

　→エネルギーを 12＿＿＿＿＿緯度から 13＿＿＿＿＿緯度へ輸送する

　　→南北の 14＿＿＿＿＿＿＿が緩和される

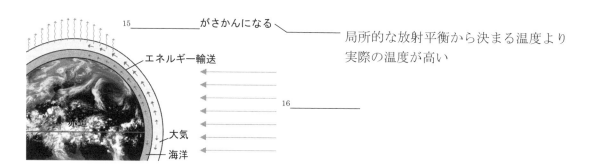

15＿＿＿＿＿＿＿＿＿＿がさかんになる

局所的な放射平衡から決まる温度より
実際の温度が高い

16＿＿＿＿＿＿＿＿

エネルギー輸送

赤道

大気

海洋

●Memo●

4 温帯低気圧と熱帯低気圧 p.77〜79

月　　日

検印欄

◤A◢ 高気圧と低気圧

高気圧

気圧が周囲より 1＿＿＿＿＿

低気圧

気圧が周囲より 2＿＿＿＿＿

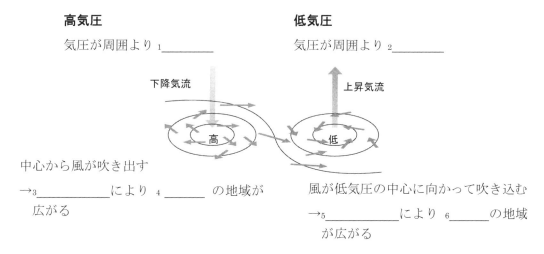

中心から風が吹き出す

→3＿＿＿＿＿＿により 4＿＿＿＿ の地域が
広がる

風が低気圧の中心に向かって吹き込む

→5＿＿＿＿＿＿により 6＿＿＿＿の地域
が広がる

◤B◢ 温帯低気圧

7＿＿＿＿＿＿…広域にわたって 8＿＿＿＿＿や 9＿＿＿＿＿などが均質となっている大規模な空気塊

10＿＿＿＿＿＿＿＿…低緯度の温暖で湿潤な亜熱帯の気団と高緯度の寒冷で乾燥した
寒帯気団の境目に発達する大規模な空気の渦

乾燥した 11＿＿＿＿＿が南下して暖気の下
に潜り込み，大気が不安定化する

温暖で湿潤な 12＿＿＿＿＿が北上して
寒気の上にせり上がる

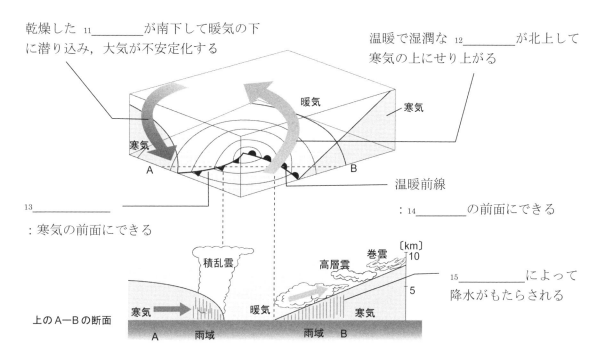

13＿＿＿＿＿＿＿

：寒気の前面にできる

温暖前線

：14＿＿＿＿＿の前面にできる

15＿＿＿＿＿＿によって
降水がもたらされる

41

◤ C ◢ 温帯低気圧と熱輸送

10＿＿＿＿＿＿ ＿＿＿＿＿＿＿＿＿＿＿

：高緯度側に北上した暖気が上昇し,
低緯度側に南下した寒気が下降する
→東西方向に並び, 大気が循環して
　いるように見える

　　：16＿＿＿＿＿＿＿＿＿

低気圧, 降水域
偏西風
高気圧, 乾燥域
北東貿易風
低気圧, 降水域
赤道

極循環
フェレル循環
ハドレー循環

低緯度の暖気と高緯度の寒気を混合させることで, 17＿＿＿＿＿＿を行う

◤ D ◢ 18＿＿＿＿＿＿＿＿＿

…熱帯の海上で発達する低気圧

- 多くは赤道からやや離れた海面水温が 26～27 ℃以上の場所で発生する
- 発生する地域によって, 19＿＿＿＿＿, ハリケーン, サイクロンなどと
  よばれている
- 台風：最大風速が 20＿＿＿＿＿m/s 以上になった熱帯低気圧
  　　　温度がほぼ一定の熱帯気団内で発達するため, 前線を 21＿＿＿＿＿＿

- 熱帯低気圧のエネルギー源…暖かい海から供給される水蒸気
  水蒸気が低気圧中心部の上昇気流の中で凝結する際に, 22＿＿＿＿＿を放出して
  大気を暖める
  　　　　　↓
  暖められた空気は上昇気流を強めるため, 地上では中心気圧が 23＿＿＿＿＿
  　　　　　↓
  中心に向かって吹き込む気流に自転による力がはたらいて巨大な渦へと
  発達する

●Memo●

●Memo●

1 海洋の層構造　　　p.86〜87　　月　　日

検印欄

▶ A ◀ 海水の組成

・海水には天然にある 92 の 1_____すべてがとけている

　→2_____の状態で存在している

・塩類の組成はどこの海でも 3_____

　→海水が長いあいだによく混合された結果

・4_____…海水中の塩類の濃度

　→海水 1kg にとけている塩類は 33〜38 g

　→海水全体の 4_____の平均は 3.5%

表　海水中の塩分

塩類	質量%
塩化ナトリウム NaCl	77.9
塩化マグネシウム $MgCl_2$	9.6
硫酸マグネシウム $MgSO_4$	6.1
硫酸カルシウム $CaSO_4$	4.0
塩化カリウム KCl	2.1
そのほか	0.3

▶ B ◀ 海面水温の分布と変化

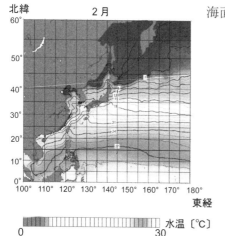

海面水温が

5_____い：高緯度…高緯度ほど海面の温度変化が

7_____

・水温は，大気との熱のやり取り，波浪，海流の影響によって変化し，8_____によっても異なる

6_____い：赤道付近

●Memo●

C 海水の層構造

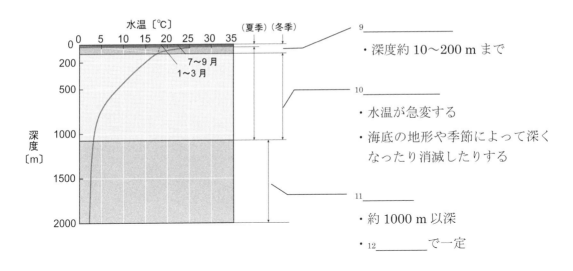

9 _____

・深度約 10〜200 m まで

10 _____

・水温が急変する
・海底の地形や季節によって深くなったり消滅したりする

11 _____

・約 1000 m 以深
・12 _____ で一定

極域:表層混合層の水温と深層水温の差が 13 _____,
10 _____ が見られない
（太陽からの受熱量が少ないため）

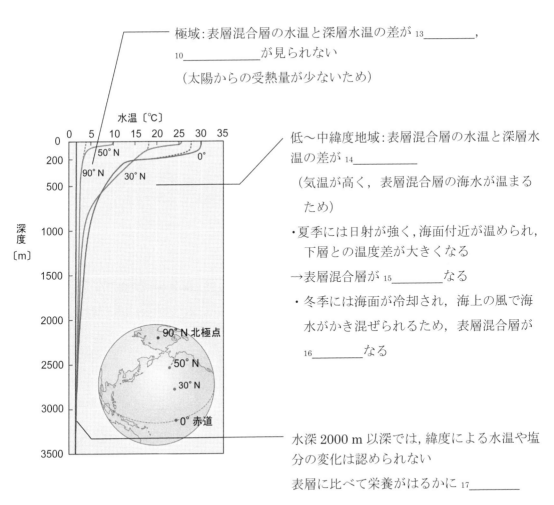

低〜中緯度地域:表層混合層の水温と深層水温の差が 14 _____
（気温が高く, 表層混合層の海水が温まるため）

・夏季には日射が強く, 海面付近が温められ, 下層との温度差が大きくなる
→表層混合層が 15 _____ なる

・冬季には海面が冷却され, 海上の風で海水がかき混ぜられるため, 表層混合層が
16 _____ なる

水深 2000 m 以深では, 緯度による水温や塩分の変化は認められない
表層に比べて栄養がはるかに 17 _____

2 海水の運動と循環 p.88〜91

月　　日

検印欄

◤ A ◢ 世界の海面温度分布

海水面温度は，

・低緯度ほど 1＿＿＿＿＿，高緯度ほど 2＿＿＿＿＿

・中緯度大洋の西側が 1＿＿＿＿＿，東側が 2＿＿＿＿＿

◤ B ◢ 海流と海水表層循環

海流…広い海域にわたり，定常的で一定の向きに流れる海水の流れ

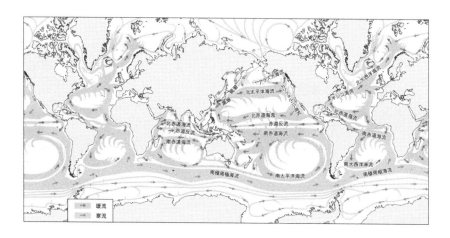

・海流は，海上の 3＿＿＿＿＿＿により駆動され，自転の影響，大陸分布によって向きと強さが決まる

　　→4＿＿＿＿＿＿ともよばれる

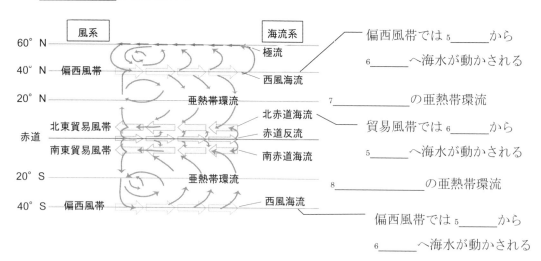

偏西風帯では 5＿＿＿＿から

6＿＿＿＿へ海水が動かされる

7＿＿＿＿＿＿の亜熱帯環流

貿易風帯では 6＿＿＿＿から

5＿＿＿＿へ海水が動かされる

8＿＿＿＿＿＿の亜熱帯環流

偏西風帯では 5＿＿＿＿から

6＿＿＿＿へ海水が動かされる

・大洋の東岸：熱帯から流れ込む 9＿＿＿＿＿のために表層水温が 10＿＿＿＿＿

日本の近海の海流

暖流の黒潮：11＿＿＿＿＿＿＿＿の一部

◣ C ◢ 深層循環

・海水は，12＿＿＿＿と 13＿＿＿＿による 14＿＿＿＿差によって駆動され，鉛直
方向にも循環している

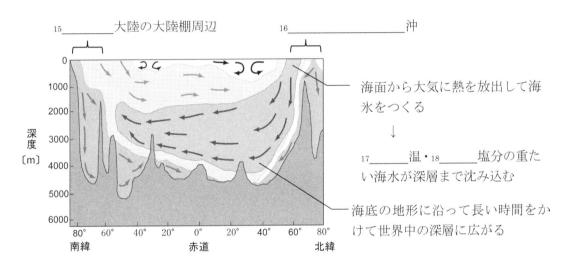

15＿＿＿＿大陸の大陸棚周辺　　　16＿＿＿＿＿＿＿＿沖

海面から大気に熱を放出して海
氷をつくる

↓

17＿＿＿＿温・18＿＿＿＿塩分の重た
い海水が深層まで沈み込む

海底の地形に沿って長い時間をか
けて世界中の深層に広がる

・深層流は，深層を移動するあいだにゆっくりと上昇して表層に戻る

→ 19＿＿＿＿…深層流が再び表層に戻ってくる現象

→深層の海水は，約 2000 年の長大な時間をかけ，地球規模で循環している

　　→深層循環とよばれる

▐●Memo●▌

◣ D ◢ 海洋の熱輸送

世界を循環している海流…20_____緯度の熱を 21_____緯度に運んでいる

　→大気の大循環と同様に，地球の南北の 22_____差を緩和し，気候をおだ
　　やかにしている

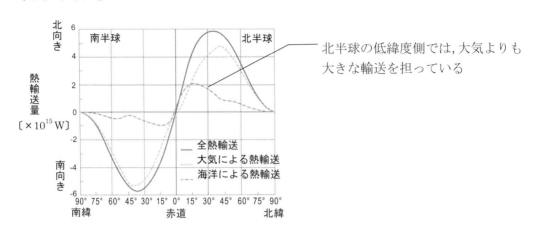

北半球の低緯度側では，大気よりも
大きな輸送を担っている

●Memo●

●Memo●

▶1 気象と気候　　　　p. 92〜93　　　　月　　日

◤A◢ 気象要素と気候値

天気… 1＿＿＿＿＿＿＿の大気の状態

天候… 2＿＿＿＿＿＿＿の天気の移り変わり

3＿＿＿＿… 晴れ・曇り・雨・雪・霧・雷・強風などの大気現象の総称

・大気の状態は，気象要素によって 4＿＿＿＿に計測される

　　気象要素… 5＿＿＿＿，気圧，湿度，風向，6＿＿＿＿，7＿＿＿＿＿，日照時間など

・気象には，上空の偏西風の蛇行や地球規模の大気大循環も含まれる

気候… 気象要素を比較的長期間にわたって平均し，気象の 8＿＿＿＿＿＿＿＿＿を
　　　統計的に表現したもの

通常，9＿＿＿＿間の季節変化の平均として定義される

：気候値，10＿＿＿＿＿として表される

→大気の平均的な季節変化の特徴が表現される

　　平均からの 11＿＿＿＿＿＿の大きさなども注目される

◤B◢ 日本周辺の気団と季節変化

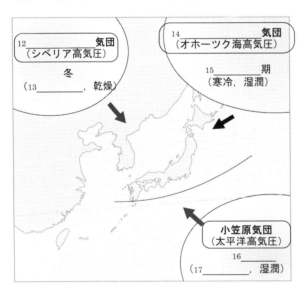

・気団の季節的な発達と衰退により，日本には明瞭な 18＿＿＿＿＿＿＿が見られる

◤ C ◢ 天気図と天気予報

19＿＿＿＿＿…ある時刻における大気の状態と運動のようすを地図上に表したもの

・地上天気図

　　海面での値に換算した気圧の分布が 20＿＿＿＿＿線で表される

　　各地の天気や高気圧・低気圧の中心位置，前線の位置などがえがかれる

天気予報 （21＿＿＿＿＿予報）

…気象観測結果をもとに，コンピュータを用いて将来の天気状況を予測する手法

●Memo●

2 日本の四季 p.94～97 月　日

検印欄

◤ A ◢ 冬

1_____の冬型の気圧配置

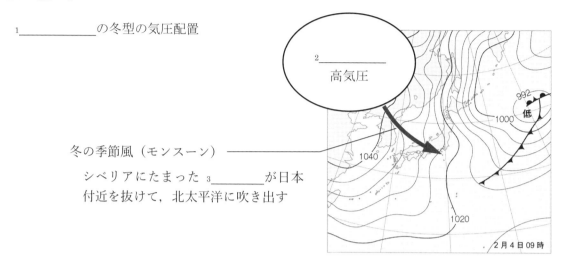

2_____ 高気圧

冬の季節風（モンスーン）──────

　シベリアにたまった 3_____が日本
　付近を抜けて，北太平洋に吹き出す

・日本海で大量に蒸発した水分が日本海沿岸域に大量の雪を降らせる

　→4_____による災害

・関東では，5_____した下降流による 6_____がもたらされる

◤ B ◢ 春

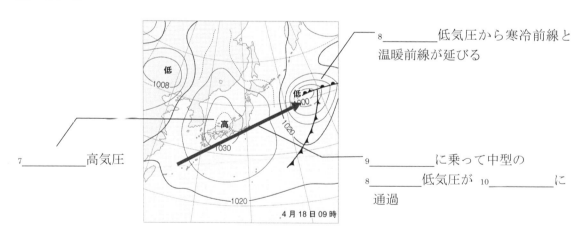

8_____低気圧から寒冷前線と
温暖前線が延びる

7_____高気圧

9_____に乗って中型の
8_____低気圧が 10_____に
　　　　　通過

気温が 10_____に変化する：三寒四温

低気圧が日本海を通過するようになると，日本付近に強くて暖かい 11_____風が吹き

込むことがある

→12_____：立春後に最初に吹くこの 11_____風

◢ C ◣ 梅雨

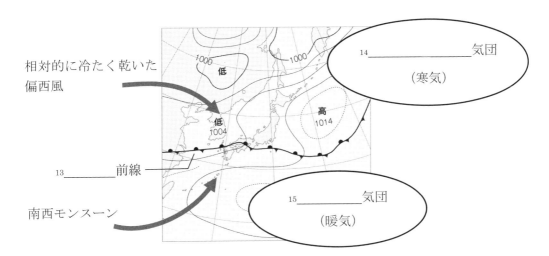

相対的に冷たく乾いた
偏西風

14_____気団
（寒気）

13_____前線

南西モンスーン

15_____気団
（暖気）

◢ D ◣ 夏

16_____の気圧配置

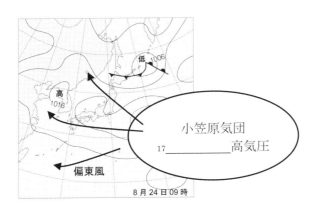

小笠原気団

17_____高気圧

偏東風

8月24日09時

◢ E ◣ 秋

・秋雨前線とよばれる 18_____前線が形成される

・南方で，19_____が発生する

　→17_____高気圧のへりに沿って北上し，日本に襲来する

・秋の終わりごろには，発達した 8_____低気圧の背後から強い寒気の吹き出しが始まる

●Memo●

●Memo●

●Memo●

1 宇宙の姿

p.102〜103

月　　　日

検印欄

1＿＿＿＿＿…自ら輝く

　太陽など

　多くの恒星は，大きさは太陽の百分の1から数百倍

　　　　　　　　　質量は太陽の十分の1から数十倍

　　　　　　　　　表面温度は 3000 K から数万 K

> **Note**
>
> **ケルビン（K）**
>
> 　絶対温度を表す単位
>
> 　絶対零度（0 K）は −273 ℃
>
> 　温度目盛は摂氏温度と同じ

・太陽系の天体

2＿＿＿＿＿…恒星のまわりを公転する

　小惑星…おもに火星と木星のあいだで公転する

3＿＿＿＿＿…惑星のまわりを回る

　彗星…太陽に近づくと明るく輝く

・4＿＿＿＿＿＿（天の川銀河）…太陽系が存在する星の大集団

　　1000 億個以上の星，ガスや塵でできた星間物質を含む

　　渦巻き形をした薄い 5＿＿＿＿＿状の構造

　　中心には巨大な 6＿＿＿＿＿＿＿＿＿がある

・7＿＿＿＿＿…銀河系と同じような星の大集団

　　それぞれ数億個から1兆個の星が集まっている

　　渦巻き形の円盤状のもの，楕円形のもの，形が定まらないものまで構造はさまざま

2 天体の距離と光の速さ

p.104～105　　　月　　　日　　　検印欄

▰ A ▰ 天体の距離

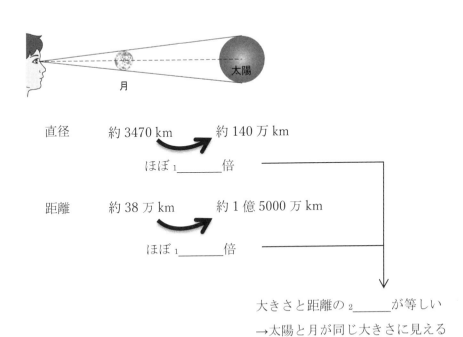

直径　　　約 3470 km　　→　約 140 万 km

ほぼ 1＿＿＿＿＿＿倍

距離　　　約 38 万 km　　→　約 1 億 5000 万 km

ほぼ 1＿＿＿＿＿＿倍

大きさと距離の 2＿＿＿＿＿＿が等しい

→太陽と月が同じ大きさに見える

・1 3＿＿＿＿＿＿＿＿＿（4＿＿＿＿＿）　…太陽と地球の平均距離（約 1 億 5000 万 km）

▰ B ▰ 光の速さ

1 秒間で約 5＿＿＿＿＿＿＿km 進む

1 年間では約 9 兆 4600 億 km 進む：1 6＿＿＿＿＿＿＿

　→100 光年離れた天体からの光は，地球に届くまでに 100 年かかっている

●Memo●

3 ビッグバンから天体の誕生まで p.106〜109　　月　　日

宇宙は，約 138 億年前に，空間も時間もない状態から始まったとされている

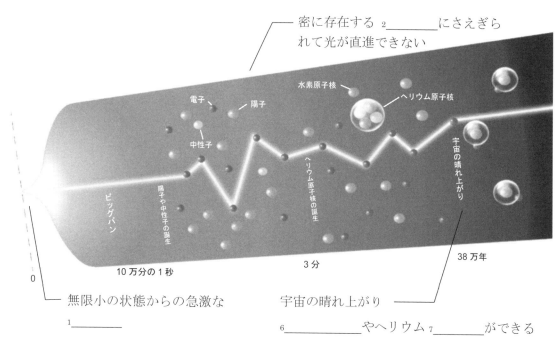

密に存在する 2_____にさえぎられて光が直進できない

無限小の状態からの急激な

1_____

宇宙の晴れ上がり

6_____やヘリウム 7_____ができる

→光をさえぎる電子が急激になくなり，宇宙が見通せるようになる

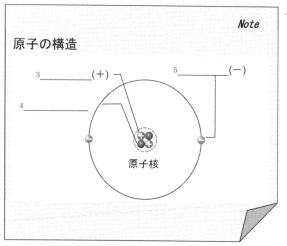

Note

原子の構造

3_____（＋）

5_____（−）

4_____

原子核

●Memo●

ヘリウム原子

水素原子

星の誕生

銀河・惑星の誕生

現在

物質分布に差が生まれる

→この差が重力の差となって物質を集める

→銀河や星が生まれる

●Memo●

1　現在の太陽

p.110〜111　　　　　月　　　日

◢ A ◢ 太陽の表面

光球　　　…可視光線で見ることができる太陽の表面の層

　　　　　　厚さ数百 km

　　　　　　温度：約 5800 K

1_____…光球面を拡大すると観察できる

　　　　　　　直径は平均 1000 km ほど

　　　　　　　寿命は 6〜10 分で，現れては消える

2_____　…光球面に見える黒いしみのようなもの

　　　　　　　典型的なものは直径が数万 km

　　　　　　　光球面に比べて 3_____（約 4000 K）

4_____　…太陽の縁に見られる白い点々模様

　　　　　　　まわりの光球面より温度が数百 K 5_____

・黒点の位置を継続的に観察すると，惑星の公転と同じ方向に太陽は 6_____ している ことがわかる

→収縮しながら回転を速め，形成されたため

　ガスでできているため，自転周期は 7_____ によって異なる

　：このような回転を 8_____という

・黒点の数は変動する

　→黒点極大期：太陽の活動が 9_____

　　黒点極小期：太陽の活動が 10_____

●Memo●

◢ B ◢ 太陽の外層部

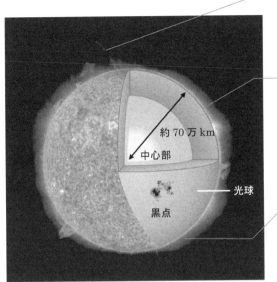

11＿＿＿＿＿＿＿＿（紅炎）

・彩層からコロナの中に吹き上げたよ
　うに見えるガス

12＿＿＿＿＿

・光球の上空で，厚さ数千 km から 1 万 km 近
　くの希薄な大気

・温度は数千〜1 万 K 程度で上空ほど高い

13＿＿＿＿＿＿

・彩層のさらに外側

・非常に希薄

・温度は 100 万 K をこえる

・14＿＿＿＿＿＿…コロナをつくるガス（水素やヘリウムの原子核や電子）の
　　　　　　一部が惑星間空間へ流れ出たもの

　　　　　　　400 km/s ~1000 km/s の速度

〈太陽の中心部〉

・温度：約 1500 万 K

・毎秒 3.8×10^{26} J のエネルギーを放射している

　→ エネルギー源は，15＿＿＿＿＿＿＿＿による

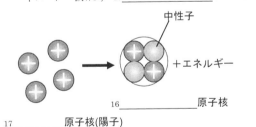

中性子

＋エネルギー

16＿＿＿＿＿＿原子核

17＿＿＿＿＿原子核(陽子)

●Memo●

2 太陽の誕生

p.112〜115　　　　　月　　　日

・星間物質

　　1＿＿＿＿＿＿＿

　　　　…星と星のあいだに存在する 2＿＿＿＿＿ や 3＿＿＿＿＿＿＿＿ といったガス

　　固体の塵…星と星のあいだにわずかに存在する

・星間雲…星間物質がまわりより多く集まっているところ

　　4＿＿＿＿＿＿星雲…星間雲の近くにある明るい星からの放射エネルギーを受けて輝く

　　5＿＿＿＿＿＿星雲…星と私たちのあいだに星間雲があり，星の光をさえぎる

・6＿＿＿＿＿＿＿ …星間雲が低温でガスが分子として多く存在する

　　　　　　高密度で，太陽などの恒星は，この中で生まれた

〈原始太陽の形成から主系列星へ〉

水素・ヘリウムを主成分とする 7＿＿＿＿＿＿ が
収縮し，ある程度星間物質が集まると，自分
自身の 8＿＿＿＿＿＿ で収縮が続いた

収縮に伴って中心部の温度が 9＿＿＿＿＿＿ な
り，重力による収縮と内部の圧力がつりあう

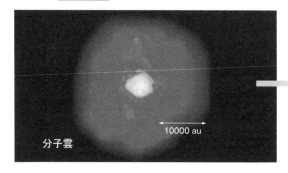

分子雲
10000 au

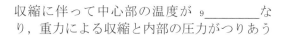

原始太陽
1000 au

── 大きさ：現在の太陽の 4〜5 倍
　　表面温度：およそ 3000 K
　　現在より 10 倍程度の明るさで輝く

太陽の誕生

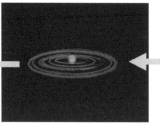

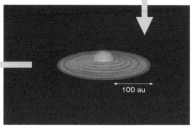

100 au

中心の温度が 1000 万 K をこえる
と，中心部で水素原子核の 10＿＿＿
＿＿＿＿＿＿ が始まった

11＿＿＿＿＿＿＿＿＿＿＿＿

まわりのガスは，収縮しながら回
転を速め，偏平な円盤状となる

●Memo●

1 太陽系の姿

p.116〜117

月　　日

検印欄

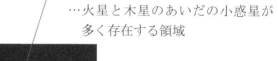

1_____

…火星と木星のあいだの小惑星が
　多く存在する領域

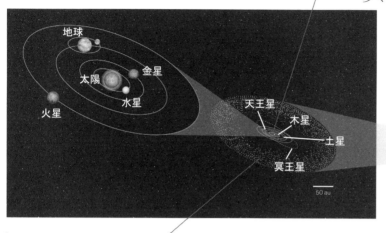

50 au

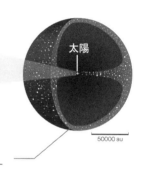

太陽

50000 au

2_____

…海王星よりも遠方の領域に多数
　存在する

3_____

…氷を含む小天体が球殻状に存在する
　直径はおよそ1光年ほど

・太陽系の天体

　　太陽：太陽系の質量の大部分を占める

　　　　　太陽系全体を暖める熱源となっている

　　惑星：4_____個

　　5_____：太陽系外縁天体に属し，ほぼ球状になっている天体

　　衛星：惑星のまわりを回る

　　太陽系小天体　彗星

　　　　　　　　6_____

　　　　　　　　7_____

　　　　　　　　惑星間塵

●Memo●

_____
_____
_____
_____
_____

2 太陽系の誕生と惑星の分類

p.118〜122　　　　月　　　　日

検印欄

A 太陽系の誕生

ガス

1_____を形成

水素・ヘリウムを主成分とする 2_____が収縮

 →中心部に集中したガスが原始太陽となった

 →原始太陽のまわりのガスは収縮しながら回転を速め，偏平な
  円盤状となって 1_____が生まれた

 →太陽系の主要天体が一つの 3_____に集中し，同じ向きに
  4_____している理由

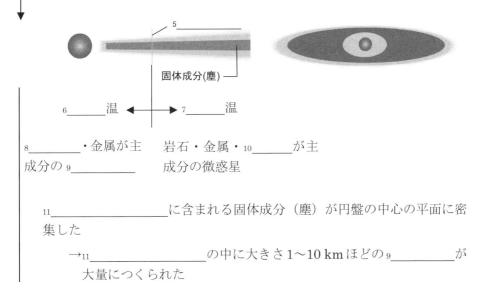

5_____

固体成分(塵)

6_____温 ← → 7_____温

8_____・金属が主　　岩石・金属・10_____が主
成分の 9_____　　成分の微惑星

11_____に含まれる固体成分（塵）が円盤の中心の平面に密
集した

 →11_____の中に大きさ 1〜10 km ほどの 9_____が
  大量につくられた

●Memo●

微惑星は衝突・合体をくり返し，しだいに成長して 12＿＿＿＿＿＿＿となった

凍結線より 13＿＿＿＿では，岩石と金属を主成分とする水星から火星までの惑星が形成された

　　→14＿＿＿＿＿惑星（岩石惑星）

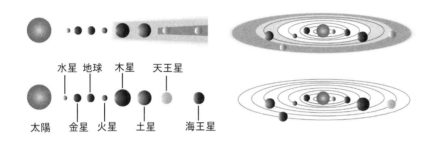

凍結線より外側では，10＿＿＿＿も微惑星に含まれているために，内側の領域よりも大きく成長した原始惑星が水素やヘリウムなどのガス成分を集めた。

　　→15＿＿＿＿＿＿惑星・16＿＿＿＿＿＿惑星

	14＿＿＿＿＿惑星（岩石惑星）	15＿＿＿＿＿惑星	16＿＿＿＿＿惑星
惑星名	水星・17＿＿＿＿・地球・ 18＿＿＿＿	19＿＿＿＿・土星	20＿＿＿＿・海王星
赤道半径（地球=1）	小さい（0.4〜1）	大きい（9.5〜11）	中間（3.9〜4.0）
密度〔g/cm³〕	21＿＿＿＿（3.9〜5.5）	かなり 22＿＿＿＿（0.7〜1.3）	22＿＿＿＿（1.3〜1.6）
自転周期	長い	短い	
環（リング）	ない	ある	
衛星の数	ないまたは少ない（0〜2個）	とても多い（79個以上）	多い（14個以上）
偏平率	小さい（0〜0.0059）	大きい（0.065〜0.098）	やや大きい（0.017〜0.023）

▰ B ▰ 太陽系小天体の形成

23_____：木星から海王星の領域から太陽系最外縁部に放出された
　　　　　　　　　　微惑星がもと

冥王星型天体を含む太陽系外縁天体：氷主体の微惑星が十分に成長できずにそ
　　　　　　　　　　のままとり残されたもの

24_____：オールトの雲と太陽系外縁天体の領域からやってきた小天体

　　　→太陽に近づくと氷が昇華して尾を形成する

小惑星帯：凍結線よりも内側の 18_____と 19_____のあいだ

　　　ある程度に成長した 8_____質の微惑星や原始惑星が，木星の強
　　　い重力の影響でそれ以上は成長できなかったもの

▰ C ▰ 惑星の構造

◆惑星の内部構造

天体がある程度の大きさになると，

・自分自身の重力により 25_____になる

・内部で 26_____を発生させ，それによって物質がとける

　　→27_____の違いによって物質が層状に分離している

　　　→内部が層構造となる

◆地球型惑星

微惑星の成分は 8_____や 28_____

→とけた状態のときに重い 29_____などが沈む

　　→中心核となる

→表面に軽い岩石が浮き上がる

　　　　↓

層構造をなす 8_____惑星となっている

地球型惑星（岩石惑星）

水星　金星　地球　火星

固体核
（おもに 29_____）
水星　　30_____（岩石）　　火星

固体核
（おもに 29_____）
溶融核
金星　　30_____（岩石）　　地球

●Memo●

◆巨大ガス惑星

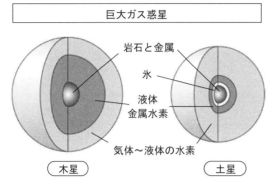

微惑星に 10_____が大量に含まれている

大きく成長した原始惑星が生まれたあと，周囲の原始太陽

系星雲の 2_____を多く引きよせた

　　　↓

厚い 31_____の外層をまとう巨大な惑星

◆巨大氷惑星

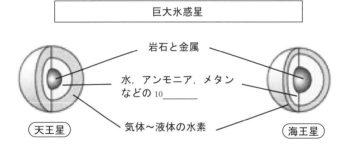

微惑星には 10_____が大量に含まれている

原始惑星の成長の途中で太陽系を満たしていたガスがなくなった

→木星や土星のように大量のガスを引きよせられず，木星や土星よりもガ
　スが 32_____

　　　↓

水，アンモニア，メタンなどの 10_____の厚い層が中心核をとり巻き，そ
の外側を薄いガス層がおおう惑星

●Memo●

3　地球の誕生と成長　　p.123〜126　　　月　　日

検印欄

◢ A ◤　地球の誕生

○原始大気の形成

地球は，岩石や金属を主成分とする $_1$＿＿＿＿＿＿の衝突・合体によって成長した

→成長途中で衝突によって高温化し，岩石に含まれていたガス成分が $_2$＿＿＿＿＿となって原始地球を包んだ

　原始大気の主成分… $_3$＿＿＿＿＿＿＿と $_4$＿＿＿＿＿

　　→現在の大気よりも非常に濃かったと考えられている

○ $_5$＿＿＿＿＿＿＿＿＿＿＿（ $_6$＿＿＿＿＿＿＿）の形成

微惑星の衝突と原始大気の $_7$＿＿＿＿＿＿の相乗効果で，表面が溶融した

○核の形成

地球の内部で，重い鉄やニッケルなどの金属が中心部に集まって核となった

→やがて，$_8$＿＿＿＿＿の内核と $_9$＿＿＿＿＿の外核とにわかれた

○マントルの形成

軽い岩石が，核をとりまくマントルを形成した

○ $_{10}$＿＿＿＿＿の形成

微惑星の衝突が少なくなると，表面が冷え，最外殻に固体の岩石でできた $_{10}$＿＿＿＿＿が現れた

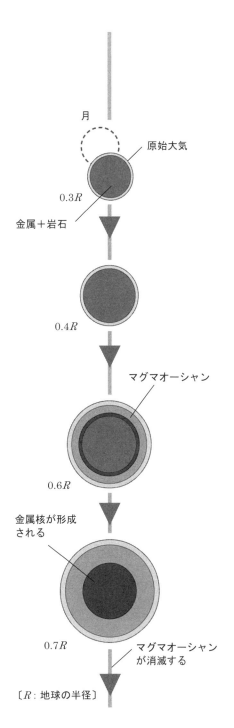

月

原始大気

0.3R

金属＋岩石

0.4R

マグマオーシャン

0.6R

金属核が形成される

0.7R

マグマオーシャンが消滅する

〔R：地球の半径〕

○月の誕生

地球誕生初期の頃，火星サイズの 11＿＿＿＿＿＿が地球に斜めに衝突した

　　↓

破壊された破片と地球のマントルの一部が地球のまわりに飛び散った

　　↓

再び衝突・合体して月が形成された

・ 12＿＿＿＿＿＿＿＿＿＿＿＿＿＿＿説とよばれている

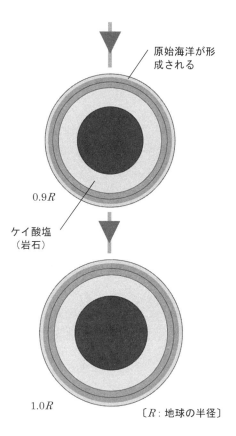

原始海洋が形成される

0.9R

ケイ酸塩
（岩石）

1.0R

〔R：地球の半径〕

◆地球の形状

・地球の形は，月の形成後にほとんど決まったとされている

・誕生直後は自転速度が速かったために，遠心力によって 13＿＿＿＿部分がややふくらんでいる。

▮ B ▮ 地球の成長

◆海の誕生

地表が冷えると，やがて原始大気も冷えた

　　↓

4＿＿＿＿＿＿が凝結して雨となって降り注ぎ，14＿＿＿＿＿＿をつくった

　→3＿＿＿＿＿＿＿は原始海洋へと溶け込み，しだいに少なくなった

◆生命の誕生と大気の変化

　→生命の誕生の詳細は明らかになっていない

〈仮説〉　・合成説…海の中での有機化合物から合成された　→有力

　　　　　・宇宙起源説…原始的な生命そのものが宇宙から地球にやってきた

誕生した生命が進化した

　　↓

15＿＿＿＿＿＿を行う生物が現れた

　　↓

15＿＿＿＿＿＿によって 16＿＿＿＿の量が増加し，現在のような大気成分となった

　　↓

酸素を有効に使う生命が発生し，生命が多様化していった

◢ C ◣ 生命あふれる惑星の条件

◆条件1：太陽からの適切な 17＿＿＿＿＿＿

・生命誕生には，18＿＿＿＿＿＿の水が表面に存在することが必須

  →19＿＿＿＿＿＿＿＿＿＿＿＿（居住可能領域）

    …18＿＿＿＿＿＿の水が表面に存在できる領域

◆条件2：惑星（天体）の 20＿＿＿＿＿＿＿

・適度な大気と水を保つためには，一定以上の 21＿＿＿＿＿＿が必要

   火星…かつて海が存在した

     21＿＿＿＿＿＿が地球の3分の1だったため，大気が宇宙に逃げた

       ↓

     7＿＿＿＿＿＿＿＿＿が効かなくなって気温が下がった

       ↓

   海がなくなってしまったと考えられる

◆条件3：安定な気候

・急激な気候変動は，一般に，生命にとって好ましいものではない

  →月がないと，自転軸の傾きが現在と比べて大きく変化し，気候変
   動が激しくなっていたと考えられる

〈そのほか〉

・有機物に含まれる炭素

・酸素

●Memo●

◢ D ◣ 地球のような惑星はほかにあるのか

恒星のまわりには，惑星が普遍的に存在することがわかりつつある

・22＿＿＿＿＿＿＿＿＿…太陽系以外の恒星のまわりを回る惑星

  →2019 年 10 月までに発見された 22＿＿＿＿＿＿＿＿は 4000 個をこえる

〈さまざまな太陽系外惑星〉

┌ 木星のような巨大惑星が恒星のすぐそばを回っているもの

├ 歪んだ 23＿＿＿＿＿の軌道をもつもの

└ 恒星の自転とは逆向きに 24＿＿＿＿＿しているもの

  →惑星の多様性は，惑星が生まれる過程も多様であることを示す

●Memo●

●Memo●

1　地層のでき方　p. 132〜134

月　　日

検印欄

地層　…礫，砂，泥，火山灰などが，海底や湖底，陸上などに 1＿＿＿＿＿状に積み
　　　　重なってできたもの

▶ A ◀

2＿＿＿＿＿＿＿＿…岩石が，物理的に破砕されたり，化学的な分解を受けたりすること

・物理的風化

　　…昼夜あるいは季節の 3＿＿＿＿＿＿＿変化による，岩石・鉱物の膨張・収縮がおもな原因

　　　　→3＿＿＿＿＿＿＿変化の激しいところほど破砕が進む

　　　植物の根の成長，水の凍結は，岩石の割れ目を拡大させ，破砕を促進する

・化学的風化

　　…酸性の雨水による溶解など，水が関係した 4＿＿＿＿＿＿＿＿＿＿＿によって岩石が分解される

　　　温暖で湿潤な地域で進みやすい

　　　例　5＿＿＿＿＿＿＿＿＿が酸性の雨水や地下水にとける

　　　　　→カルスト地形や鍾乳洞が形成される

　　　　　　一部の鉱物が分解されて粘土鉱物に変化する

▶ B ◀ 河川のはたらき

6＿＿＿＿＿＿＿＿…風化した岩石が，流水や風，波などによって削られ，礫，砂，泥などの砕屑物になる

7＿＿＿＿＿＿＿＿…砕屑物が流水や風などに運ばれる

8＿＿＿＿＿＿＿＿…流水や風などの力が弱まり，砕屑物が水底や地表にたまる

・流速が弱まるにつれて，9＿＿＿＿＿＿，砂，10＿＿＿＿＿＿の順に堆積する

・10＿＿＿＿＿＿は一度堆積すると動きにくい

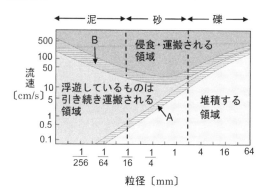

- 河川は，11_____流ほど勾配が大きく，12_____流に向かって傾斜が緩くなる
- 日本の河川は 13_____流で，勾配が急変して段をつくっていることが多い
- 大陸の河川では，侵食と堆積のバランスが保たれ，なめらかな曲線になっている

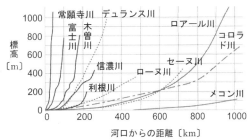

上流部

河川の勾配が大きく，流速が
14_____
→河床の 6_____がさかんで
Ｖ字谷がつくられる

山地から平野に出るところ

傾斜が緩くなって幅が広くなる
→流速が遅くなり，9_____が堆積して
18_____がつくられる

河川が内湾や湖に流入すると，運ばれてきた 15_____が堆積し，
17_____（デルタ）をつくる

陸地から運ばれた砕屑物が堆積する

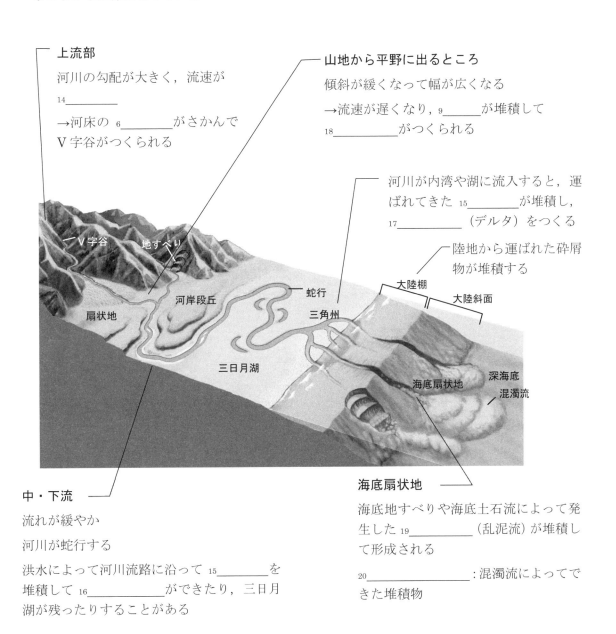

中・下流

流れが緩やか
河川が蛇行する
洪水によって河川流路に沿って 15_____を
堆積して 16_____ができたり，三日月
湖が残ったりすることがある

海底扇状地

海底地すべりや海底土石流によって発生した 19_____（乱泥流）が堆積して形成される

20_____：混濁流によってできた堆積物

2 堆積岩　p.135〜136

検印欄

▶ A ◀ 堆積岩の形成

堆積岩　…海底や湖底になどにたまった堆積物が，1＿＿＿＿＿＿＿＿＿によって固まった岩石

上に積もった堆積物によって
2＿＿＿＿＿＿される

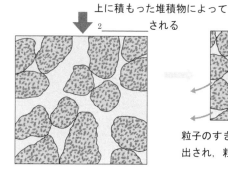

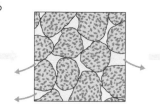

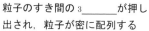

粒子のすき間の 3＿＿＿＿＿が押し
出され，粒子が密に配列する

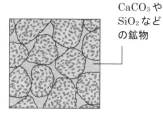

$CaCO_3$ や
SiO_2 など
の鉱物

水に溶けこんだケイ素やカルシウム
が粒子間に沈殿し，セメントのよう
に粒子の間隙をつなぐ

▶ B ◀ 堆積岩の分類

分類	成因	堆積物（未固結）	堆積岩（固結）
砕屑岩	地表の岩石が侵食されて生じた砕屑物からつくられる	礫：直径 2 mm 以上	礫岩
		砂：直径 1/16〜2 mm	4＿＿＿＿＿＿
		泥：直径 1/16 mm 未満	泥岩
火山砕屑岩	火山噴火のときに放出された火山砕屑物からつくられる	火山岩塊	火山角礫岩
		5＿＿＿＿＿＿	凝灰岩
生物岩	生物の遺骸が堆積してつくられる	サンゴ・貝殻・フズリナ（紡錘虫）・有孔虫など	6＿＿＿＿＿＿
		放散虫など	7＿＿＿＿＿＿
8＿＿＿＿＿＿	海水などに溶けていた物質が化学的に沈殿してつくられる	$CaCO_3$	石灰岩
		SiO_2	チャート
		NaCl	岩塩

●Memo●

3　地層を調べる　p.137〜141

検印欄　　月　　日

A　地層

地層…厚さと広がりがある

　　形成された時代の 1＿＿＿＿＿＿を表している

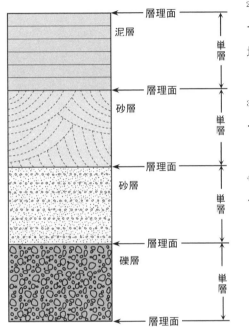

層理面

泥層

単層

層理面

砂層

単層

層理面

砂層

単層

層理面

礫層

単層

層理面

2＿＿＿＿＿＿＿

…単層の上下を区切る

地層が堆積した当時の海底面や湖底面，地面

3＿＿＿＿＿＿＿

…一連の堆積条件下で形成された地層の単位

4＿＿＿＿＿＿＿　（5＿＿＿＿＿＿＿）

…単層の内部に見られる砂粒などの細かな配列

　　葉理：厚さ 1 cm より薄い

　　層理：厚さ 1 cm 以上　とすることもある

・6＿＿＿＿＿＿＿＿＿：層理面に平行

・7＿＿＿＿＿＿＿＿＿：層理面と斜交

◆ 8＿＿＿＿＿＿＿＿の法則

　一般に，下位から上位に向かってほぼ水平に堆積する

　→8＿＿＿＿＿＿＿＿の法則：一連の地層が堆積しているとき，地層が逆転をして

　　　　　　　　　　　　　　いないかぎり，9＿＿＿＿位にある地層は 10＿＿＿＿位に

　　　　　　　　　　　　　　ある地層より古い

　　　　　　　　　　　　　ニコラウス・ステノによって唱えられた

B　堆積構造

◆堆積環境の推定

・斜交葉理…層理面に 11＿＿＿＿＿＿＿する断面に見られる

・12＿＿＿＿＿＿＿＿＿＿＿＿（漣痕）…層理面の上面に見られる

　　　　対照的な波紋は波打ち際などでつくられる

　　　　非対称の波紋は流れのある場所でつくられる

・13_____（フルートキャストなど）

　…砂岩層の下面に見られる

　　水流によってえぐられた水底の泥の凹みを砂が埋めて固まった地層の底面

・14_____

　…川原の礫が下流側に傾いて瓦を重ねたようにして並んだ状態

◆地層の上下関係

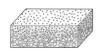

・15_____構造（15_____層理）

　…単層内で9_____部から 10_____部に向かって粒子が小さくなる

　　→一般的に粒子が小さい方が 10_____位

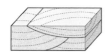

・16_____葉理

　　→葉理が他の葉理を削っている場合，削っている方が 10_____位

・17_____

　…下位の地層に比べて上位の地層が相対的に粗粒な場合にできる

・巣穴化石（砂管）…古水底面に掘られたもの

　　→巣穴が層理面に接している方が 10_____位

◆整合と不整合

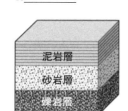

18_____

泥岩層

砂岩層

礫岩層

連続的な地層の重なり

平行不整合

上下の地層が堆積した年代に大きな時間間隙がある境界面を 20_____という

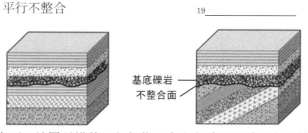

19_____

基底礫岩

不整合面

◆21_____　…地層を火成岩の岩脈（貫入岩）が切って入りこんでいる状態

→切られている地層よりも切る岩脈の方が 22_____

●Memo●

1 化石

p.142〜144　　　　　　　月　　　日

A 化石の種類

古生物…過去の生物

　→現在の生物との比較から，過去にどのような生物が存在していた

　　のか，それらの生物がどのように 1＿＿＿＿＿＿してきたかをさぐる手が

　　かりとなる

　　地層ができた時代の環境（2＿＿＿＿＿＿＿）を推定することにも役立つ

3＿＿＿＿＿＿＿…生物がいたことを示すさまざまな証拠

　古生物の遺体

　生活の痕跡（4＿＿＿＿＿＿）　　など

5＿＿＿＿＿＿＿＿＿＿…石油や石炭，天然ガスなど

　　　　　　　　　生物起源と考えられている

◆体化石

┌ 化石として残りやすい 6＿＿＿＿＿＿組織と残りにくい 7＿＿＿＿＿＿＿組織

│ がある

│ 色が保存されることは少ない

└ 化石になるまでに分解・破壊される

→過去の生物のごく一部であることに注意する必要がある

・生物の遺体で，8＿＿＿＿や 9＿＿＿，10＿＿＿＿などのかたい組織がそのまま残された

　もの

・氷づけのマンモスのようにやわらかい組織が残されたもの

・珪化木のように 11＿＿＿＿＿＿＿＿＿＿＿＿＿＿＿＿などに置換されたもの

・始祖鳥の羽毛や植物の葉の形だけが残された 12＿＿＿＿＿＿化石

◆13＿＿＿＿＿＿＿＿＿＿…生物の活動の痕跡

→その堆積環境で生活していたようすを推測することができる

・動物の 14＿＿＿＿＿＿

・はい跡

・ふんなどの 15＿＿＿＿＿＿＿

・海棲生物の 16＿＿＿＿＿＿

▰ B ▰ 示準化石と示相化石

・地層の年代を決めるのに有効な化石

① 17＿＿＿＿期間に進化が進み，そのために生存期間が特定の時代に限られる生物

② 個体数が 18＿＿＿＿＿＿

③ 世界中の 19＿＿＿＿＿範囲で見つかる

→地層の順番（層準）を示すため，20＿＿＿＿＿化石とよばれる

例　三葉虫（古生代）

　　21＿＿＿＿＿＿＿＿＿（古生代後期）

　　22＿＿＿＿＿＿＿＿＿＿＿＿（古生代～中生代）

　　殻をもつプランクトン：浮遊性有孔虫や放散虫など

　　→化石として残りやすい

　　　世界の海に広く分布し，個体数も多い

・生物の生息場所やその近くで地層中に埋没し，水温・水深・塩分・

　気候などの 2＿＿＿＿＿＿を示す化石

　→23＿＿＿＿＿化石という

例　造礁性のサンゴ：24＿＿＿＿＿＿浅い澄んだ海

　　シジミ：淡水（川や湖）や汽水域

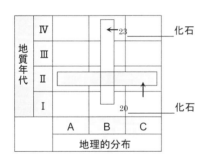

●Memo●

2　地層の対比と地質時代の区分　p.145〜147　　月　　日

検印欄

◤ A ◢　地層の対比

…離れた地域に分布する地層を比較して，同じ時代にできた地層であることを判定すること

・1＿＿＿＿＿…2＿＿＿＿＿期間に3＿＿＿＿範囲にわたって堆積し，目立った特徴を
　　　　　　　　もつ地層

　→離れた地域における同時間面を示す

　　例　4＿＿＿＿＿＿層
　　　　凝灰岩
　　　　隕石衝突による粉塵が含まれる地層

・異なる大陸間など地球規模の範囲で地層の対比を行う際は，5＿＿＿＿＿＿＿＿が
　用いられることが多い

6＿＿＿＿＿＿＿の法則
ある時代の地層にのみ含まれる化石群が，遠く隔たった地域でも産出する
→同じ時代の地層と判定できる

◤ B ◢　地質時代の区分

・7＿＿＿＿＿＿＿…化石や地層が堆積した順序（層序）の情報をもとに時代
　　　　　　　　　を区分したもの

→特徴的な8＿＿＿＿＿の消長を用いてわけられる
　層序や火山灰層なども用いられる

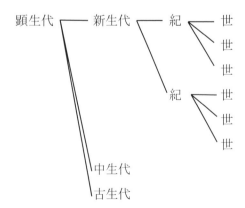

・顕生代は化石として残るような生物が多く存在するようになった5億4100万年前以降
・代はいくつかの9＿＿＿＿に，9＿＿＿＿はいくつかの10＿＿＿＿に細分される

・11_____（12_____）…岩石や鉱物が具体的に何年前に形成されたものかを測定し，数値として表した年代

→13_____を用いた年代測定法が用いられている

　木の 14_____，湖底の地層や氷などの 15_____を用いる年代測定法も知られている

・地球の歴史は，相対年代の区分に数値年代を組み合わせてまとめられている

新生代			
中生代			
16_____			
先カンブリア時代			

代	紀（世）	[百万年前]	大量絶滅	生物				おもな示準化石
新生代	17 完新世	0.01		19 植物時代	哺乳類時代			マンモス ナウマンゾウ
	更新世	2.6						20_____ デスモスチルス
	新第三紀	23						
	古第三紀	66	←					貨幣石（ヌンムリテス）
中生代	白亜紀	145		裸子植物時代	21 時代			22_____ アンモナイト
	ジュラ紀	201	←					23_____（三角貝） イノセラムス モノチス
	三畳紀（トリアス紀）	252	←					
16	ペルム紀（二畳紀）	299		24 ___ 植物時代	両生類時代		三葉虫	25_____（紡錘虫）
	石炭紀	359	←					
	デボン紀	419			魚類時代			ハチノスサンゴ クサリサンゴ
	シルル紀	443	←					
	オルドビス紀	485		藻類時代	無脊椎動物時代			
	18 ___	541						
先カンブリア時代	原生代	2500		（真核生物時代）				
	太古代(始生代)	4000		（原核生物時代）				
	冥王代	4600		（無生物時代）				

●Memo●

1 初期生命と大気の変化　先カンブリア時代　p.148~151

月　　　日

▰ A ▰ 最古の岩石と鉱物

地球最古の岩石…カナダ北部の分布する ₁＿＿＿＿＿＿

　　　　　　　　　約40億年前のもの

　→地球誕生から40億年前まで：₂＿＿＿＿＿＿という

　　　約40億年前から約25億年前：太古代（始生代）

　　　約25億年前から現在：原生代

▰ B ▰ 原始大気と原始海洋

44億年前ころ：大量の ₃＿＿＿＿＿が衝突したために地球は ₄＿＿＿＿＿

　　　　　　　→火山活動により，大量の ₅＿＿＿＿＿＿が供給された

　　　　　　　→原始大気になった

　　　　　　　　　　約300気圧の ₆＿＿＿＿＿

　　　　　　　　　　約100気圧の ₇＿＿＿＿＿＿

地表は徐々に冷却して，大気中の水蒸気が雨となった

→地上の低いところにたまって ₈＿＿＿＿＿＿をつくった

▰ C ▰ 最古の地層と化石

最古の地層…西グリーンランドで発見された約38億年前のもの

　　　　　　₉＿＿＿＿＿，枕状溶岩

　　　　　　→陸地や ₁₀＿＿＿＿＿が存在していたことを示している

最古の化石…オーストラリア北西部で発見された，約35億年前の，熱水が噴出

　　　　　　する深海底に堆積したチャート中のフィラメント状の微化石

　　　　　　→現生の ₁₁＿＿＿＿＿＿によく似ている

　　　　　　熱水による化学反応エネルギーを得る化学合成細菌と考えられる

> *Note*
>
> **原核生物**…大きさ約1μmの微小な ₁₂＿＿＿＿＿生物
>
> 　₁₃＿＿＿＿やミトコンドリア小胞体などの細胞小器官をもたず，遺伝子物質の ₁₄＿＿＿＿が直接，細胞質内に漂っている

◢ D ◣ シアノバクテリアの大発生

15＿＿＿＿＿＿＿＿＿＿…光合成によって，大気中に分子状の 16＿＿＿＿＿＿を
最初に生み出した

海中の泥や石灰分を吸着し，ドーム状の成層構造をも
った 17＿＿＿＿＿＿＿＿＿を形成する

17＿＿＿＿＿＿＿＿＿＿…約27億年前〜約5.4億年前の地層から多数発見され
ている

◢ E ◣ 大気の変化—酸素の蓄積

・原始大気中の二酸化炭素…初期の原始海洋に溶け込み，大陸から流入した
Ca イオンと結びつき 18＿＿＿＿＿となった

・酸素…酸化鉄を含む 19＿＿＿＿＿＿＿や赤色砂岩を形成した

　　→これらの岩石の時代と量の変化から大気組成が推定される

シアノバクテリアにより 20＿＿＿＿＿が生成される

→還元環境に生息するメタン菌などは生息域をせば
められた

→海水中の鉄が酸化して沈殿し，21＿＿＿＿＿＿が
形成された

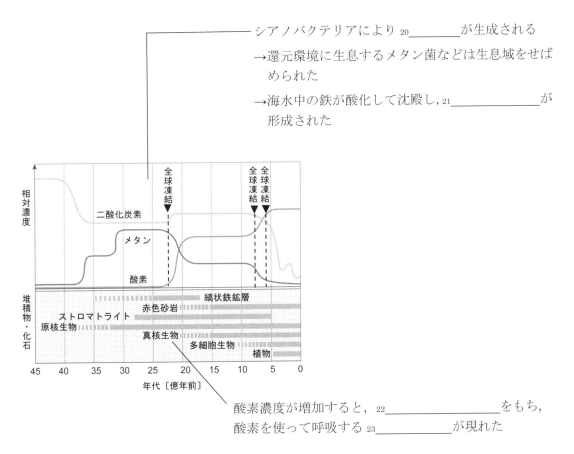

酸素濃度が増加すると，22＿＿＿＿＿＿＿＿をもち，
酸素を使って呼吸する 23＿＿＿＿＿が現れた

●Memo●

◤ F ◢ 多細胞生物の出現と発展

最古の多細胞生物の化石…カナダの紅藻類で約 12 億年前のもの

・24_____

…約 5.8 億年前の原生代末期に出現

最大で長さ 1 m に達するような大型生物を含む

25_____で，かたい組織をもたない

世界各地で発見されている

◤ G ◢ 地球の寒冷化と生物進化

大気組成の変化は，地球環境に劇的な変化をもたらした

二酸化炭素やメタンなどの 26_____

→地球表面の温度を上昇させる

→海洋への溶け込み，光合成生物の登場により減少した

原生代の地層

…当時の赤道周辺にあたる地層から，27_____堆積物が確認されている

→28_____説が提唱されている

→地表が氷でおおわれていた

→約 22.6 億年前，約 7 億年前，約 6.4 億年前に起こったとされる

寒冷期には光合成の低下のために 7_____濃度が増加する

→温室効果により，一転して急激な 29_____が起こる

→30_____生物が繁栄して酸素濃度を上昇させた

→ { 約 21 億年前の真核生物の発生

約 5.8 億年前の大型生物の誕生

に深く関係した可能性がある

●Memo●

2　多様な生物の出現と脊椎動物の発展　古生代～中生代　p.152～155

月　　　日

◢ A ◣　カンブリア紀の生物大爆発

・約 1＿＿＿＿＿年前の原生代末に酸素濃度がほぼ現在と同じくらいにまで増加した

　　　　↓

　　生物は多くの酸素を必要とするコラーゲンやリン酸カルシウムなどを獲得した

　　　　↓

・約 5.4 億年前に始まる 2＿＿＿＿＿＿＿になると，3＿＿＿＿や 4＿＿＿＿＿，歯をもつ左右相称
　の動物が発展

　　現在の動物界のすべての祖先が出そろった

　　　　　：5＿＿＿＿＿＿＿＿紀の生物大爆発

・6＿＿＿＿＿＿＿＿＿＿群…カナダのロッキー山脈で発見された，保存のよい多様な化石

例　　三葉虫，ウィワクシア…海底をかき削って微生物を摂取する

　　　ルイゼラ，オットイア…海底の堆積物にもぐる

　　　アノマロカリス…遊泳性の捕食者

　　　ピカイア…7＿＿＿＿＿＿＿＿の祖先

◢ B ◣　古生代の海生動物

〈オルドビス紀〉

　ウミユリ，オウムガイ，ウミサソリ，ハチノスサンゴなどが現れた

　最も古い脊椎動物　ピカイアなどの原索動物から進化した

　　…8＿＿＿＿＿＿の仲間：顎骨をもたない

　　　　　　　　　　現在のヤツメウナギのような生物

〈石炭紀・ペルム紀〉

　・石灰質の殻をもつ原生生物の仲間である，有孔虫類の 9＿＿＿＿＿＿＿＿が繁栄した

●Memo●

....

....

....

....

....

◤ C ◢ 生物の陸上進出

・やがて，陸上の 10＿＿＿＿＿量は生物が生活できる程度まで低下した

　　→11＿＿＿＿＿の濃度が増したため

・植物

〈12＿＿＿＿＿＿紀〉

　植物が上陸

〈シルル紀〉

　13＿＿＿＿＿＿＿が現れた：水分の蒸発を防ぐ

　14＿＿＿＿＿＿（キューティクル）を葉の表皮にもつ

・動物

〈15＿＿＿＿＿紀〉

　魚類が発展

　丈夫な内骨格をもった硬骨魚類が現れた。硬骨魚類の
仲間から，対びれが四肢に変化し，肺をもった原始的
な両生類（16＿＿＿＿＿＿＿＿など）が出現した

〈石炭紀〉

　陸上に産卵し乾燥に強い皮膚をもった 17＿＿＿＿＿と
18＿＿＿＿＿が現れ，完全な上陸をはたした

アーケオチリス
（石炭紀後期，単弓類）

上腕骨
前腕骨
手の骨

ペデルペス
（石炭紀初期，両生類）

（デボン紀末期，原始的な両生類）

四つの生物は陸生化
の代表的なものであ
るが，各生物の進化
的つながりを示して
はいない。

ユーステノプテロン
（デボン紀後期，魚類）

●Memo●

▰ D ▰ 大気組成の変遷と大量絶滅

〈19＿＿＿＿＿＿〉20＿＿＿＿＿＿が現れた

〈石炭紀〉

21＿＿＿＿＿＿, ロボク, フウインボクなどが高さ 20～30 m に達する大森林をつくった

→22＿＿＿＿＿＿により二酸化炭素を有機化合物に変える

→23＿＿＿＿＿＿のもとになった

→大気中の二酸化炭素濃度が低下し, 24＿＿＿＿濃度は上昇した

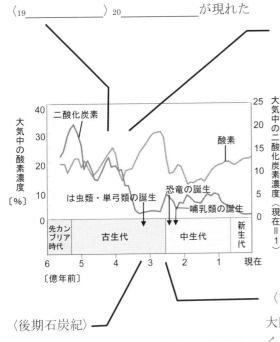

〈後期石炭紀〉

二酸化炭素濃度の低下により温室効果が弱まり, 寒冷化して氷河が発達した

〈古生代末〉

大陸が一つにまとまり超大陸 25＿＿＿＿＿＿をつくり, 26＿＿＿＿＿＿が活発になる

→酸素濃度が著しく低下し, 海にすむ無脊椎動物の 90％以上の種が失われる 27＿＿＿＿＿＿が起こったといわれている

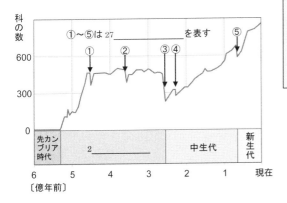

> **Note**
>
> **シダ植物**：根と 28＿＿＿＿＿をもつ
>
> →水分を吸い上げ, 体を支える

●Memo●

89

◤ E ◢ は虫類の繁栄

・植物

〈三畳紀〉木生のシダ植物や裸子植物の 29＿＿＿＿＿＿・イチョウ，原始的な針葉樹が栄えた

〈ジュラ紀〉南極大陸まで森林が広がった

〈白亜紀〉30＿＿＿＿＿植物が出現し，繁栄するようになった

・動物

中生代初期は 31＿＿＿＿＿＿状態が続く

→酸素吸入に優れた気嚢をもつ 32＿＿＿＿＿が繁栄した

→ジュラ紀の巨大恐竜や 33＿＿＿＿＿の出現につながった

〈中生代の海〉

軟体動物頭足類の 34＿＿＿＿＿＿＿＿や軟体動物二枚貝類の 35＿＿＿＿＿＿＿・モノチス・イノセラムスなどが大繁栄した

・恐竜やアンモナイトは，約 36＿＿＿＿＿＿年前の白亜紀末に絶滅した

→37＿＿＿＿＿＿＿＿＿＿説が有力

隕石の衝突による塵や山林火災の煤煙

地表面にはまれな，隕石や地下深部に由来する 38＿＿＿＿＿＿＿

津波の堆積物

●Memo●

3　哺乳類の繁栄と人類の発展　新生代　p.156〜159　　月　　日

検印欄

◤ A ◢ 哺乳類の繁栄

新生代…約 6600 万年前から始まる 1＿＿＿＿＿＿＿＿が繁栄した時代

哺乳類…2＿＿＿＿で子を育てる

多くの哺乳類の特徴 ⎰ 3＿＿＿＿＿＿

4＿＿＿＿＿＿動物

歯が切歯，犬歯，小臼歯，大臼歯にわかれている

5＿＿＿＿＿＿の発達が著しい

体毛をもつ

・中生代の後期三畳紀…最古の哺乳類が出現

→食虫性の 6＿＿＿＿＿＿＿

→卵生

・前期白亜紀…草食性の 7＿＿＿＿＿＿類と 8＿＿＿＿＿＿＿類が出現

　→中生代の哺乳類は，いずれもネズミほどの大きさ

　→新生代になると，パンゲア大陸が分裂した各大陸で，多様な環境に適応して繁栄

◤ B ◢ 哺乳類の繁栄と気候変動

・新生代は，徐々に寒冷化，乾燥化してきた

・9＿＿＿＿＿＿植物が優勢で，中でも多様な 10＿＿＿＿＿＿＿植物が栄えるようになった

・新生代の地層に含まれる貝化石，有孔虫・11＿＿＿＿＿＿＿・珪藻・ココリスなどの
　12＿＿＿＿＿＿＿は，古環境の復元だけでなく，13＿＿＿＿＿＿＿としても役立っている

　→例　古第三紀の浅い海には 14＿＿＿＿＿＿＿＿＿＿＿＿＿＿が栄えた

〈古第三紀のはじめ〉

　　動物：温暖で，現生の哺乳類のすべての祖先が出現した

〈古第三紀の中頃〉

　　植物：北海道の石狩炭田から温帯や亜熱帯の植物化石が見つかっている

　　動物：森林が減り，そこでくらす哺乳類が絶滅した

　　　　　草原に適応した新しい型の哺乳類が多数出現した

〈新第三紀〉

　　植物：15_____やフウなどの暖温帯性植物が茂っていた

　　動物：16_____が栄えた

◤ C ◢ 第四紀の氷河時代

第四紀…約260万年前から始まる，人類が進化・拡散する時代

　　　　　高緯度の大陸に大規模な氷床が分布する17_____時代の一つ

　→寒冷で氷河が発達する18_____と，温暖で氷河が後退する

　19_____がしだいに明瞭となった

　→約60万年前からは，およそ10万年周期で交互にくり返した

〈氷期〉…多くの水が大陸氷河として固定される

　　　　　　→海面が100 m以上も20_____した

　　　　　　　→海峡が陸化した

　　　　　　　　　アジアから北米へマンモスやイヌなどが進出

　　　　　　　　　北米からアジアへウマやラクダが進出

・日本列島

　　山岳氷河が山を削り，21_____地形が形成された

　　大陸と地続きとなり，ゾウやクマなどが大陸から渡ってきて，

　　22_____などが繁栄した

〈間氷期〉海面が23_____し，海岸平野を形成する地層が堆積した

・6000年ほど前はかなり温暖で，現在の低地に海が進入していたことが知られている

●Memo●

D 人類の出現

…人類の進化のようすは，発掘された骨や歯，道具，生活の痕跡や類人猿との比較などから推定されている

人類の特徴

・24＿＿＿＿＿＿歩行

・二足歩行により自由になった 25＿＿＿＿で道具をつくる

・頭蓋が脊椎の上で支えられ，26＿＿＿＿＿＿が増加し，のどの構造が変化して言語が使える発声が可能になった

700〜500万年前

27＿＿＿＿＿が広がり，イネ科の被子植物が勢力を拡大している

28＿＿＿＿＿の時代には，アフリカからヨーロッパ・アジア地域にまで進出した

約20万年前に 29＿＿＿＿＿で出現した新人が，世界中に広がった

700万年前	600万年前	500万年前	400万年前	300万年前	200万年前	100万年前	20万年前	現在

ホモ・ネアンデルターレンシス
旧人

サヘラントロプス・チャデンシス

ホモ・ハビリス

ホモ・エレクトス

31＿＿＿＿＿

原人

新人

アウストラロピテクス
30＿＿＿＿＿

人類の誕生

チンパンジーとボノボの系統

脳容量

1500 1200 900 600 300 0

アウストラロピテクス
30＿＿＿＿＿

ホモ・エレクトス
原人

ホモ・ネアンデルターレンシス
旧人

31＿＿＿＿＿
新人

石を打ち欠き，数個の剥片を作っただけの石器

定型に整形された石器

あらかじめ整形した石から目的の剥片をはぎとる技法が発達

整形した石から何個もの薄い石刃をはぎとる技法が発達

32＿＿＿＿＿＿の時代：全面的に自然環境に依存

↓

33＿＿＿＿＿と牧畜の生活：文明を築き，自然環境に積極的にはたらきかけるようになっていった

●Memo●

●Memo●

▶1 日本列島がつくる自然の特徴　p.166〜169　　月　　日

検印欄

◤A◢ 日本列島の形成

・日本列島の位置…ユーラシア大陸と太平洋の境界付近

　　　　　　　二つの 1＿＿＿＿＿＿＿＿と二つの 2＿＿＿＿＿＿＿＿の境界付近

　　　　　　　→3＿＿＿＿＿＿が激しい

　　　　　　　　→造山運動により大きく隆起し，高い山脈や火山に富む
　　　　　　　　　地形がつくられた

・日本列島の形成…新第三紀中期に始まった

　　　　　　　新第三紀末期に現在のような 4＿＿＿＿＿になった

◤B◢ 氷河時代の日本列島

第四紀…地球規模で 5＿＿＿＿＿と 6＿＿＿＿＿＿が交互におとずれた

2万年前（最終氷期の最寒冷期）…海水面が現在より 100 m 以上も 7＿＿＿＿

→日本列島には 8＿＿＿＿が形成され，九州から北海道までほぼ地続き

　　→シベリア方面から哺乳類や寒冷植物などが移動してきた

6000年ほど前…温暖で，海岸線は現在よりも内陸に位置していた

→この時形成された 9＿＿＿＿＿＿に，多くの市街地が形成されている

◤C◢ さまざまな地質と地形

日本列島には，古生代に形成されたかたい地層から，新生代第四紀に堆積した
軟弱な地層，火山砕屑物まで多岐にわたる地質が分布している

→日本列島は狭小だが，多彩な地形や景観が存在している

◤D◢ 日本列島の位置

・南北に細長く延びた 4＿＿＿＿＿

　→南北の気温差が大きく，亜熱帯から亜寒帯までおよぶ

・周囲を海に囲まれている

　→暖流系の 10＿＿＿＿，寒流系の 11＿＿＿＿などの海流の影響により，海水
　　の温度が場所や季節によって異なる

・上空に吹く 12＿＿＿＿＿は，季節によりその緯度や蛇行を変える

　→季節風や梅雨の降雨量，台風の進路などに影響を与える

◤ E ◢ 山が多い日本列島

日本全土のうち 61%は 13_____，12%は丘陵（平野の面積は全体の 30%未満）

日本列島は 14_____も大きい

→・複雑な 15_____が分布している

・気候区分にも大きな影響を与えている

・河川は 16_____，勾配が 17_____で，一気に海へ流れる
・世界的に見ても 18_____が多く，とくに梅雨期や台風期に集中して降る
→ いったん雨が降ると，急に増水し短時間のうちに洪水のピーク
になる

19_____やがけ崩れなども発生しやすい

◤ F ◢ 豊かな自然がもたらす恩恵

・変化に富む自然環境

・多彩な自然景観

・豊かな水資源

・温泉

・地下資源

例　火山の周囲では，良質な水や温泉が多く涌き出す

・複雑な地質の分布や構造

→数多くの 20_____資源をもたらす

○日本の自然環境をいかしてさまざまな取り組みが進められている 21_____エネルギー

・太陽光発電　　・太陽熱利用　　・波力発電

・風力発電　　　・地熱発電　　　・潮汐発電

・小水力発電　　・雪氷熱利用　　・温度差熱利用　　など

●Memo●

2 　さまざまな自然災害と防災・減災

p.170〜173　　　月　　　日

検印欄

▰ A ▰　複雑な地質

・古生代のち密な地層から新生代第四紀の軟弱層まで複雑に分布

・かたい岩石でも 1＿＿＿＿＿や変質を受けたり，断層運動を受けたりして崩れ
　やすくなる

・崩れやすい火山砕屑物が厚く堆積していることがある

　→豪雨や地震などによる 2＿＿＿＿＿＿や 3＿＿＿＿＿＿＿などが毎年のように発
　　生している

▰ B ▰　地震災害

・地震動により建物が破損したり倒壊したりする

・がけ崩れや 4＿＿＿＿＿＿＿＿

・地盤の 5＿＿＿＿＿や地盤 6＿＿＿＿＿

・火災による被害の拡大

・7＿＿＿＿＿＿による被害

・津波による被害

◆ 7＿＿＿＿＿＿

・最終氷期以降に堆積した軟弱な地盤や海岸や湖沼，旧河川の埋立地などで発
　生することがある

・谷を埋めた造成地では，内陸であっても発生しやすい

・建物が傾いたり，埋設物が浮き上がったりする

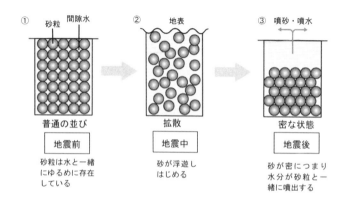

① 砂粒　間隙水　　　　② 地表　　　　　③ 噴砂・噴水

普通の並び　　　　　拡散　　　　　　　密な状態

地震前　　　　　　　地震中　　　　　　地震後

砂粒は水と一緒　　　砂が浮遊し　　　　砂が密につまり
にゆるめに存在　　　はじめる　　　　　水分が砂粒と一
している　　　　　　　　　　　　　　　緒に噴出する

◆8_____

・震央が海域で震源が 9_____場合，海底で急激な隆起や沈降によるずれが
　生じると発生する

・地震の揺れを感じなくても津波がくることがある

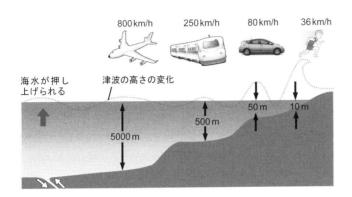

C 火山災害

種類	内容	国内での被害例
降灰	火山灰が降ることにより，停電，水質汚染，健康被害を引き起こす。	富士山（1707），有珠山（2000）
噴石	大きなものは軽自動車ほど。50 cm 前後のものは 2〜4 km 飛散。	阿蘇山（1958），御嶽山（2015）
10_____	高温による被害。二酸化硫黄，硫化水素などの有毒ガスによる被害。	八甲田山（1997），三宅島（2000）
11_____	数百℃の火山灰と 10_____が時速 100 km 以上で流下する。	北海道駒ヶ岳（1856），雲仙岳（1991）
12_____	火山灰と河川水や雨水などが混ざり高速で泥流となり流下する。火山砕屑物の熱で積雪がとけて発生することもある。	十勝岳（1926）
溶岩流	溶けた岩石が流れる。粘性が小さい場合は時速数十 km になることもある。	伊豆大島（1986），桜島（1914）
岩屑なだれ	大規模な噴火により山体が崩壊する。13_____をつくることもある。	渡島大島（1741），雲仙岳（1792）
津波	岩屑なだれが海に達すると発生し付近の海岸に押しよせる。	渡島大島（1741），雲仙岳（1792）

●Memo●

99

◤ D ◢ 気象災害

・大気現象の結果生じる災害

・豪雨が原因となって起こる災害は近年多発する傾向がある

種類	内容
大雨	大雨や強雨が原因となって起こる。洪水や浸水災害，がけ崩れや地すべりにつながる。また長雨により農作物などに影響を及ぼすこともある。
暴風	台風や竜巻によって起こる。建物の崩壊，沿岸地域では 14_____ につながる。
豪雪	比較的短期間の多量の降雪によって起こる。15_____ や着雪，16_____ などの災害につながる。また，強風を伴うと地吹雪なども発生する。
17_____	台風や発達した低気圧の接近に伴い，海水面が上昇し海水が陸地に侵入して起こる。
雷	発達した 18_____ による。日本海側では冬に発生することが多い。
ひょう	発達した積乱雲による。農作物や建物に大きな被害が出る。
異常高温	夏季，高温によって引き起こされる。19_____ などの健康被害や農作物に被害が出る。
異常低温	冬季，低温によって引き起こされる。路面凍結や水道管の破裂につながることもある。また，夏季の低温も農作物に被害が出る。

○20_____

・「数十年に一度の，これまでに経験したことのないような，重大な危険が差し迫った異常な状況にある」ときに気象庁が発令する

・大雨，暴風，高潮，波浪，暴風雪，大雪に対して発令される

◤ E ◢ 自然災害の予測と防災・減災

〈さまざまな注意報・警報〉

・緊急地震速報：地震

・噴火警報・予報：火山

・特別警報：気象

・5段階の警戒レベルを明記した防災情報：気象

〈21_____（災害危険予測図）〉

　災害の種類に応じ，洪水，土石流，がけ崩れ，地すべり，液状化，津波，高潮，火山噴火などに関するものが作成されている

●Memo●

●Memo●

◀1 人間活動がもたらす環境問題と自然変動　p.176〜177　　　月　　日　　検印欄

▰ A ▰ エルニーニョ現象

・異常気象…気象要素の変動の大きさや出現頻度に比べ，統計的に見て

　　　　1＿＿＿＿＿に１度程度しか起こらない現象

　　　　　異常な暖冬，寒冬，冷夏，猛暑，集中豪雨，豪雪，干ばつなど

・2＿＿＿＿＿＿＿＿現象…異常気象との関係で注目されている

　　　　　　東部太平洋の赤道付近で3〜5年に１度，水温が上昇する現象

④貿易風は3＿＿＿＿＿＿＿の暖水上で4＿＿＿＿気流となり，大量の降水をもたらす

⑤上昇気流は圏界面付近で東に向かい，5＿＿＿＿＿＿で6＿＿＿＿となって東西循環を形成する

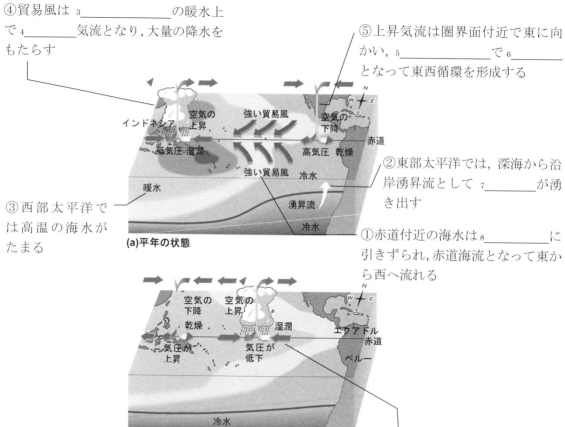

③西部太平洋では高温の海水がたまる

(a)平年の状態

②東部太平洋では，深海から沿岸湧昇流として7＿＿＿＿＿が湧き出す

①赤道付近の海水は8＿＿＿＿＿に引きずられ，赤道海流となって東から西へ流れる

(b)エルニーニョ現象の状態

何らかの原因で東西循環が9＿＿＿＿＿，下層の貿易風も弱くなると，赤道海流が衰えて東部太平洋の沿岸湧昇流による冷水の湧き出しが止まる

↓

東部太平洋のペルー沖では，海面水温が異常に4＿＿＿＿する

◢ B ◣ 10＿＿＿＿＿＿＿現象

・エルニーニョ現象とは逆に，東西循環が平年よりも 11＿＿＿＿＿，ペルー沖
　の海面水温が異常に 12＿＿＿＿なる現象

・数年おきに発生する

エルニーニョ現象やラニーニャ現象が発生すると，太平洋上を中心として世界
中の大気の流れが変わり，各地で異常気象が発生する

→統計的には，

　エルニーニョ現象の起こった年は，日本では 13＿＿＿＿と 14＿＿＿＿に
　ラニーニャ現象の起こった年は，日本では 15＿＿＿＿と 16＿＿＿＿に
　　なる傾向が強い

◢ C ◣ オゾンホール

17＿＿＿＿＿＿…生命体が長年のあいだに光合成によりつくり出した酸素が成
　　　　　　　層圏に拡散して生成されたもの

　　　　　　　17＿＿＿＿＿＿でもオゾンの濃度は低い

・18＿＿＿＿＿＿＿…人間活動によってもたらされた 19＿＿＿＿＿＿＿が紫
　　　　　　　外線によって分解され，放出された塩素原子がオゾンを
　　　　　　　壊し，南極上空のオゾン層に穴が開いたような現象

　　　　　　　1980 年代に見られるようになった

　　　　　　　9 月から 10 月に一時的に形成される

　　　　　　　有害な 20＿＿＿＿＿の増加は地上の生物に悪影響を及ぼす

○21＿＿＿＿＿＿＿＿＿＿＿（1987 年）

　…国際協定としてフロンの放出を規制

　　→オゾンホールの拡大は阻止できた

　　　フロンの除去には時間がかかるのでオゾン層の破壊は続いている

●Memo●

▶2 気候変動と地球温暖化　p.178〜179　　月　　日　　検印欄

◤A◢ 気候変動

・1＿＿＿＿＿＿…気候値からの年々の変動に着目する現象

・2＿＿＿＿＿＿…気候値そのものが長年のあいだに変動する現象

　　例　氷期と間氷期が 10 万年の周期でくり返しおとずれた

　　近年は，短い時間のうちに急激な気候変動が進んでいる

◤B◢ 地球温暖化

地球平均の地上気温は，最近の 100 年間で約 0.7 ℃上昇している

・おもな原因…赤外放射を吸収する大気中の 3＿＿＿＿＿＿の増加にあると
　　されている

　　→4＿＿＿＿＿＿…化石燃料の燃焼といった 5＿＿＿＿＿＿が原因で生じる
　　　近年の温暖化のこと

◤C◢ 地球温暖化の影響

・北極海の海氷の 6＿＿＿＿

・桜の 7＿＿＿＿時期が徐々に早まる

・異常気象（積雪量の変化，短時間降水の記録更新）

◤D◢ 異常気象と気候変動の予測と防災

異常気象の発生や地球規模の気候変動を予測するには，より信頼性の高い
8＿＿＿＿＿＿が必要

　　→地球規模の過去の気候変動をコンピュータ上で再現して，予測モデルの精
　　　度を検証する試みが必要

　　→世界各国の関係機関が協力して，モデルの精度や観測データの量と質を向
　　　上させる必要がある

　　→あらかじめ異常気象の発生を予測できれば，防災対策や被害緩和対策にい
　　　かすことができる

3 地球環境と物質循環　p.180〜181

月　　　日

検印欄

A 地球の環境

・地球環境…地球（$_1$_____圏・$_2$_____圏・大気圏）における物理・化学・生物的な状態

各圏での小さな循環やそれを越えた大きな循環，時間の長い循環，短い循環などがある

B 水循環

水循環を引き起こす駆動力となっているのは$_3$_____である

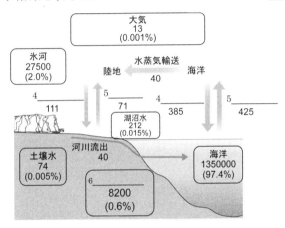

C 炭素循環

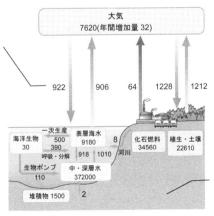

大気と海洋のあいだには，年間約900億tのガス交換がある

大気と陸のあいだには，年間約1200億tの二酸化炭素のガス交換がある

地殻中に約7×10^7 Gtに及ぶ石灰岩貯蔵や有機物（約2×10^7 Gt）としての炭素が存在している

4 地球環境に与える人間生活の影響 p.182〜185

月　　日

検印欄

A 地球環境と私たちの生活

地球環境に対する人間活動の影響が小さかった時期

→地球環境の変動は自然界のバランスにより，ある範囲に保たれていた

人間活動が活発になり，自然が大規模に改変・破壊される

→自然界のバランスが崩れ，以前の環境に復元することがむずかしい

・居住地拡大，道路建設，農地拡大などのための 1＿＿＿＿＿＿

・2＿＿＿＿を開発したために山が変形

・3＿＿＿＿＿＿＿の排出により 4＿＿＿＿＿＿＿が進み，海面上昇や異常気象が世界各地で深刻化

B 化石燃料と代替エネルギー

おもな化石燃料（石油，石炭，天然ガス）

…大昔に生息していた 5＿＿＿＿が起源

→化石燃料の大量消費は地球温暖化の原因となる 6＿＿＿＿＿＿＿を大量に排出する

化石燃料は将来枯渇する

→ 7＿＿＿＿＿＿＿＿の開発が進められてきた

○再生可能エネルギー

・太陽光発電　…太陽の 8＿＿＿＿＿＿＿＿を太陽電池で電気にかえて発電する

設置は比較的容易

発電量が天候により左右される

・9＿＿＿＿＿＿　…地面から深度 100〜5000 m の井戸を掘り，高温の水蒸気や熱水でタービンを回転させて発電を行う

わが国は火山帯に属するため地熱資源が豊富

天候に左右されずに発電できる

適した場所が国立公園や温泉地であることが多く，開発が制約される

・10＿＿＿＿＿＿　…風の力で発電機を回転させて発電する

風が強く安定している地域や洋上などで大規模な風力発電が行われるようになっている

C 水資源

地球温暖化や異常気象により，水循環が大きく変化し，世界各地でこれまでに経験したことがないような洪水や干ばつが発生している

世界各地の洪水や干ばつ，自然災害などにより，輸入に頼っている農産物や原材料などが品薄になったり価格が高騰したりする

〈水循環の変化による影響〉

・かんがい農業による土壌の 11_____

・降水量の減少などにより 12_____ が進行し，黄砂や砂嵐が多く発生

・気候変動

・植生の崩壊

・乱開発による水資源の枯渇

・地下水の過剰なくみ上げによる 13_____，地下水の 14_____ 化

・地下水汚染

〈仮想水〉

日本のように食料や原材料を海外からの輸入に頼っている場合

→現地の水資源を 15_____ しているということ

　：このような水資源を 16_____ という

D これからの地球環境と地球の未来

私たちの日常生活は，

{
地球規模の 17_____ 問題

世界 18_____ の増加

各国の 19_____ 発展・食料問題・20_____ 問題・貧困問題・経済問題と密接な関係がある
}

→21_____ の利害により対立することもある

→人間生活の向上と地球環境の保護を両立させながら，これらの問題の解決にとり組まなくてはならない

→地球全体の問題につねに関心を払い，22_____ などを通して貢献していく必要がある

　一人ひとりが自らの生活スタイルを見直し，地球環境への負荷を減らしながら着実な環境管理を行うことが，かけがえのない地球の未来に光明を見いだすことにつながる

●Memo●

●Memo●

地学基礎	ふり返りシート	年　　組　　番　名前

　各単元の学習を通して，学習内容に対して，どのぐらい理解できたか，どのぐらい粘り強く学習に取り組めたか，○をつけてふり返ってみよう。また，学習を終えて，さらに理解を深めたいことや興味をもったこと，学習のすすめ方で工夫していきたいことなどを書いてみよう。

●1章　1節　地球の構造　(p.2〜7)

○学習の理解度　　　　　　　　　　　　　　○粘り強く取り組めたか　　　　　　　　確認欄

できなかった　1　2　3　4　5　できた　　できなかった　1　2　3　4　5　できた

○学習を終えて，さらに理解を深めたいことや興味をもったこと　など

●1章　2節　プレートの運動　(p.8〜15)

○学習の理解度　　　　　　　　　　　　　　○粘り強く取り組めたか　　　　　　　　確認欄

できなかった　1　2　3　4　5　できた　　できなかった　1　2　3　4　5　できた

○学習を終えて，さらに理解を深めたいことや興味をもったこと　など

●1章　3節　地震と火山　(p.16〜29)

○学習の理解度　　　　　　　　　　　　　　○粘り強く取り組めたか　　　　　　　　確認欄

できなかった　1　2　3　4　5　できた　　できなかった　1　2　3　4　5　できた

○学習を終えて，さらに理解を深めたいことや興味をもったこと　など

●2章　1節　大気の構造と運動　(p.30〜35)

○学習の理解度　　　　　　　　　　　　　　○粘り強く取り組めたか　　　　　　　　確認欄

できなかった　1　2　3　4　5　できた　　できなかった　1　2　3　4　5　できた

○学習を終えて，さらに理解を深めたいことや興味をもったこと　など

●2章　2節　大気の大循環　(p.36〜43)

○学習の理解度　　　　　　　　　　　　　　○粘り強く取り組めたか　　　　　　　　確認欄

できなかった　1　2　3　4　5　できた　　できなかった　1　2　3　4　5　できた

○学習を終えて，さらに理解を深めたいことや興味をもったこと　など

●2章　3節　海洋の構造と海水の運動　(p.44〜49)

○学習の理解度

できなかった 1　2　3　4　5 できた

○粘り強く取り組めたか

できなかった 1　2　3　4　5 できた

確認欄

○学習を終えて，さらに理解を深めたいことや興味をもったこと　など

●2章　4節　日本の四季の気象と気候　(p.50〜55)

○学習の理解度

できなかった 1　2　3　4　5 できた

○粘り強く取り組めたか

できなかった 1　2　3　4　5 できた

確認欄

○学習を終えて，さらに理解を深めたいことや興味をもったこと　など

●3章　1節　宇宙の誕生　(p.56〜59)

○学習の理解度

できなかった 1　2　3　4　5 できた

○粘り強く取り組めたか

できなかった 1　2　3　4　5 できた

確認欄

○学習を終えて，さらに理解を深めたいことや興味をもったこと　など

●3章　2節　太陽の誕生　(p.60〜63)

○学習の理解度

できなかった 1　2　3　4　5 できた

○粘り強く取り組めたか

できなかった 1　2　3　4　5 できた

確認欄

○学習を終えて，さらに理解を深めたいことや興味をもったこと　など

●3章　3節　惑星の誕生と地球の成長　(p.64〜73)

○学習の理解度

できなかった 1　2　3　4　5 できた

○粘り強く取り組めたか

できなかった 1　2　3　4　5 できた

確認欄

○学習を終えて，さらに理解を深めたいことや興味をもったこと　など

●4章　1節　地層のでき方　(p.74〜79)

○学習の理解度

できなかった 1　2　3　4　5 できた

○粘り強く取り組めたか

できなかった 1　2　3　4　5 できた

確認欄

○学習を終えて，さらに理解を深めたいことや興味をもったこと　など

●4章　2節　化石と地質時代の区分　(p.80〜83)

○学習の理解度　　　　　　　　　　　　　　　○粘り強く取り組めたか

できなかった　1　2　3　4　5　できた　　できなかった　1　2　3　4　5　できた

○学習を終えて，さらに理解を深めたいことや興味をもったこと　など

確認欄

●4章　3節　古生物の変遷と地球環境　(p.84〜95)

○学習の理解度　　　　　　　　　　　　　　　○粘り強く取り組めたか

できなかった　1　2　3　4　5　できた　　できなかった　1　2　3　4　5　できた

○学習を終えて，さらに理解を深めたいことや興味をもったこと　など

確認欄

●5章　1節　日本の自然環境　(p.96〜101)

○学習の理解度　　　　　　　　　　　　　　　○粘り強く取り組めたか

できなかった　1　2　3　4　5　できた　　できなかった　1　2　3　4　5　できた

○学習を終えて，さらに理解を深めたいことや興味をもったこと　など

確認欄

●5章　2節　地球環境の科学　(p.102〜109)

○学習の理解度　　　　　　　　　　　　　　　○粘り強く取り組めたか

できなかった　1　2　3　4　5　できた　　できなかった　1　2　3　4　5　できた

○学習を終えて，さらに理解を深めたいことや興味をもったこと　など

確認欄